JN020926

雑貨で伝えるMade in Hong Kongのかたち

香港百貨

久米美由紀
Miyuki Kume

誠文堂新光社

はじめに

　中国返還前の香港に移住して、まず胃袋を握られ、次に雑貨に出会い、会話が自由になるにつれて、この土地との縁が深まっていったような気がします。

　もともと興味のあった生活雑貨を探して店や市場を訪れると、琺瑯製品や食器は「中国製造」「Made in China」と記された中国製ばかり。せっかくなら香港製が欲しいと思い、見つけたのが駱駝牌（キャメル）の保温ポットでした。その後、歴史博物館の書店で『香港製造』という本に出会い、数多くの日用品やおもちゃなどが香港で作られていたことを知りました。

『香港製造』は１９８８年の同名展覧会で出版された、１９００～１９６０年代の代表的な輸出用香港製品を豊富な図版と共に紹介したものです。

　香港は継続的なレトロブームで、「Made in Hong Kong」製品は今でこそ注目されてはいますが、１９８０年代、斜陽とはいえまだ一部の製造業が残る時代に、このような展覧会が催されたことに驚きを覚えます。企画を主導した英国人のMatthew Turner 教授は、香港理工大學でデザインを教えており、工場が次々と中国大陸に移転する時代に、消えゆく純正香港の製品とそのデザインを惜しんで、大切な記録を残してくれました。

　この本に出会ったことで、あらためて「Made in Hong Kong」探しが始まりました。とはいえ当時はインターネット普及前で情報もなく、掲載した雑貨のほとんどは長い間に街で出会ったものです。手ぶらで帰宅したことも数知れず、

時間を見つけては、気になる場所に足を運んでいました。
雑貨は大きく分けると香港製と中国製、植民地時代の名残である英国製で、その背景についてもできる範囲で探ってみました。また香港には、関係の深かった日本の、特に昭和時代のものが今も多く残っています。

街にあった古いものの多くが掘り起こされ、ヴィンテージショップ等に並ぶようになって、お宝探しは以前に比べてずいぶん効率がよくなりました。ビジネスとはいえ、それらを扱う蒐集家たちは過去のものを次の世代に伝える大切な役割を担う人々です。
また彼らは、持っている知識を惜しみなく与えてくれる先輩たちでもあります。中には、自分は古いものを一時的に預かっている存在だと言う蒐集家もいます。長年、香港居民(市民)として暮らし、享受した時間と、蒐集家たちとの交流は私の宝物です。

何度か起きた、できすぎた出会いの末に、「雑貨は時に向こうからやってくる」と思うようになりました。大切にしてくれる持ち主の元に現れるのです。
ご紹介するのはそんな、縁あって私の元にやってきた香港の雑貨の一部です。本書が、雑貨を見つけた時に、それが香港製なのか中国製なのかを意識するきっかけになれば何よりです。手に入れたお気に入りに、もし貴重な「Made in Hong Kong」の文字があったら、その瞬間に香港の小さな歴史を受け継いだことになるでしょう。

久米美由紀

目次

【第2章】職人が伝える香港雑貨

【第3章】暮らしの中のMade in China

目次

Attention
・本書で掲載したヴィンテージ雑貨は著者が長年の間に蒐集したもので、掲載の場所や店舗で同じものが手に入るとは限りません。なお、現在も製造されている雑貨、食品や化粧品などは香港の街で手に入れることができます(文中の情報は2024年5月現在のものです)。
・主な地名の読み方はP.191にあります。文中に出てくる中文の人名や社名などは、正確な広東語の発音を記すことが難しいため、あえて表記していません。ご了承ください。

第１章

Made in Hong Kongの世界

1930～80年頃に香港で大量生産され、輸出されたヴィンテージ雑貨には「Made in Hong Kong」の表記があります（1930～50年頃はEmpire made〈帝國製造〉の表記）。近年は工場の閉鎖や中国への移転によって、香港に残る企業はわずかとなりました。たくさんのものが香港で作られていた時代の「Made in Hong Kong」の雑貨をご紹介します。

Camel（駱駝牌）のヴィンテージ保温ポット

1950年代に作られたヴィンテージキャメル。華やかな柄と質の良さから、贈り物や結婚式の引き出物として喜ばれました。私が初めて買ったのは代表作「147」の流れを引く粉雪模様の「248」。やがて懐かしい色合いで花や鳥が描かれた昔のキャメルに出会い、大ファンに。以来古いものを中心に最新作にも注目しつつ、キャメルのポットを集めています。

Camel(駱駝牌)のヴィンテージ保温ポット

右/美しい柄のヴィンテージキャメルは、原画をもとに型を切って色を決め、30回もの吹き付けと焼成を経てやっと完成。その工程のすべてが手作業で行われ、雛形を作った職人の多くは上海からの熟練工でした。
左上/原画はすべてクレヨン画。独特の厚みと陰影にひかれます。
左下/1950年代の原画をもとに2023年に発売された新作、花様年華/FLシリーズ。スキャン+UV印刷により、花柄が立体的に再現されています。

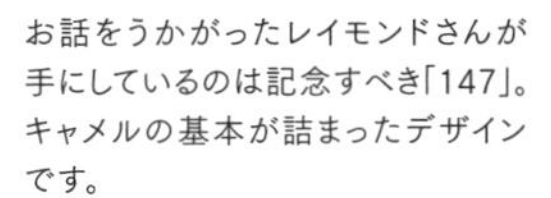

お話をうかがったレイモンドさんが手にしているのは記念すべき「147」。キャメルの基本が詰まったデザインです。

右上・右下／旧工場から生まれ変わったカムラックスホテル。快適な空間に滞在しながら、キャメルの歴史に触れることができます。

歴史ある保温ポットと砂漠の船・駱駝の関係

キャメルの歴史は1940年に遡ります。創業者の梁祖卿は唯一冷熱水壺廠を設立直後、戦争の激化で生産停止を余儀なくされながらも、終戦の年に工場を再開させました。彼の選んだ駱駝のトレードマークは、保温ポットのように水を蓄え、砂漠という過酷な環境下で黙々と働く忍耐強い姿を自身と会社に重ね合わせたもの。共に描かれた長衫姿の人物にもそんな思いが込められています。

現在キャメルを率いる3代目の梁澄宙（レイモンド）さんによれば、キャメルを代表するポットは1947年発売の「147」。これは容量1リットル、1947年製を表し、表面に凹凸を加えたことで見た目も良く、強度が飛躍的に増したもの。シンプルで飽きのこないデザインと丈夫さは長く愛され、「331B」が今もその形を受け継いでいます。

カオルーンベイにあったキャメルの旧工場は、2017年にカムラックスホテルとして生まれ変わりました。建築家でもあるレイモンドさんが手がけたホテルは、ロビーほか随所にポットのデザインや部品が生かされ、隣接するカフェに貴重な原画やコレクションを展示。一角には450ミリリットルサイズのポットがずらりと並び、驚くほど豊富なカラーバリエーションと共に香港の地元企業とのコラボ商品を一気に見ることができます。

Camel(駱駝牌)のヴィンテージ保温ポット

1950年代　222Fu三國志・趙雲。

上／1950年代　セルロイド風仕上げ。
下／1950年代　砲弾型の保温哺乳瓶。

上／1960～70年代　抽象画。
下／1970年代　222AO 銅＋真鍮メッキ。

上／1960～70年代　バグパイプを演奏するキルト姿の人物。
下／1970年代　アイスコンテナ。箱のイラストがユニーク。

Gold coin(金錢牌)の保温ポットと琺瑯製品

1921年上海で創業、1940年には香港に工場を開設し、琺瑯製品の最大手として知られた香港金錢熱水瓶廠。写真はそのブランド、ゴールドコインの1960年代製保温ポットです。鳥の頭にも似た蓋と樽型ボディはヨーロッパのブランドにも見られるデザイン。経営陣には当時を代表する工業デザイナー・范甲がおり、アフリカ向けの大胆な琺瑯デザインも手がけました。

上／1960年代　小型保温ジャー。
下／シンプルな香港製とは対照的に、伝統的な柄が特徴の
上海製ゴールドコイン。エンボスのロゴの左右に上海の文字があります。

上／1960年代　保温ポットと保温ジャー。香港製ゴールドコインの
基本は無地に金のラベルでとてもシンプルです。
下／1960年代　卓上型保温カップ。主にオフィスで活躍。

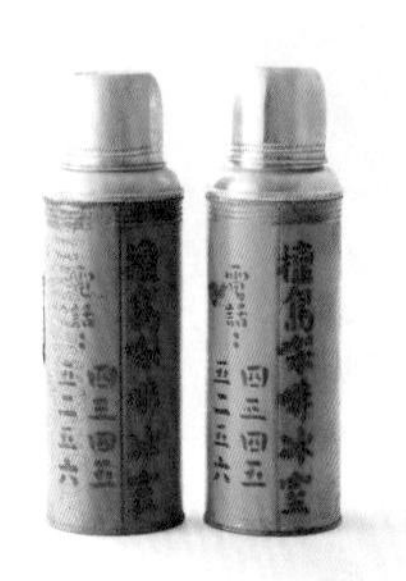

右上・中上／1970年　プラスティック製の保温ポット。
右下／OEM（他社ブランドの依頼で生産）の保温ポットも数多く作っています。
左上／1980年代　プラスティック製の保温ジャー。英語社名である「FREEZINHOT」のラベル付き。
左下／檀島喋啡冰室のノベルティ保温ポット。

右／1960年代　珐瑯の小皿。洋金花(チョウセンアサガオ)が描かれています。
左／1960年代　珐瑯のお盆。珐瑯は系列会社の益豐搪瓷公司製でロゴは益豐＋Gold coin。

右／珐瑯皿のバックプリント。
左／1950年代の新聞広告。

香港の郊外で時折見られる洋金花(通称：喇叭花)、猛毒です。

OX Head brandの保温ポットとジャー

エンボスの雄牛の顔が目印のオックスヘッドブランド。独特の鮮やかな配色が特徴で、古さを感じさせません。1950年代製造の保温ジャーの模様には手描き部分も見られ、出会ってすぐにこのブランドとわかる華やかさが魅力です。
右／1970年代　保温ポット。
左上／1950年代　Empire made(P.20参照)の保温ジャー。
左下／底にMade in Hong Kongの文字。濃い深緑の本体に金色のハンドルが映えます。

Shield brand（盾牌）の保温ジャー

シールドブランドといえば赤。製造元は1951年創立の立泰製造廠です。香港・九龍南部の土瓜灣に琺瑯製品の大型工場を構え、東南アジアや英連邦諸国などに実用的な製品を輸出していました。最近の香港では見かけませんが、輸出先の国々にはまだ残っているかもしれません。
右／1960年代　1.5Lの保温ジャーで、スープやお粥を入れるもの。 左／1960年代　1Lの保温ジャー。

E.Penn Ind.MFY（胡蝶牌）の保温ポット

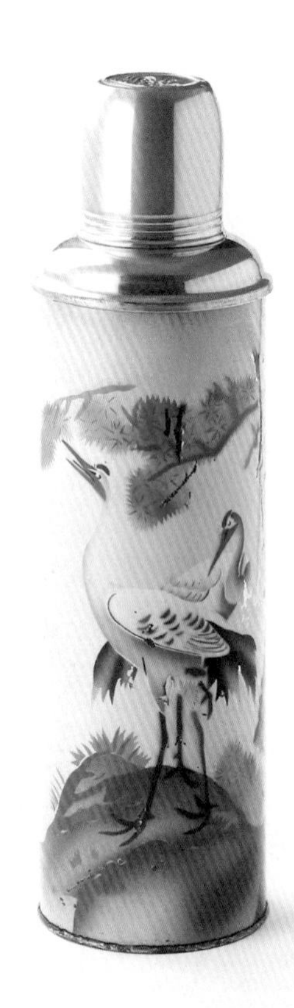

右／1950年代の国民的女優・胡蝶とその夫、潘有聲が香港に開いた興華實業製。上海出身の実業家・潘有聲の逝去後、後継者の胡蝶が映画界に復帰したために、生産期間は比較的短く、貴重なポットといえそうです。写真のような伝統的な鶴の絵柄は香港製には珍しいもの。
上／底には英文社名と共にEmpire made（大英帝国製の意味）の文字。中国語表記は帝國製造です。英国植民地時代の香港製品にはこのように記された製品が多く、1960年代後半からはMade in Hong Kong表記が主流になりました。

Horse head brand（馬頭牌）の琺瑯製品

ホースヘッドブランドの製造元である新華琺瑯廠は、1948年に上海から香港に移転。荃灣に工場がありました。当時流行したステンシル風のバラとは違う、柔らかな手描き風の花や中国風景画が特徴です。写真左上はEmpire made。1970年には生産拠点をアフリカに移したので、他のお皿も1960年代かそれ以前のもの。琺瑯製品の裏に貴重な馬頭のロゴを見つけると嬉しくなります。

北米向けの琺瑯製品

香港製の琺瑯製品のうち、一部の絵柄はアメリカやカナダ向け。北米の伝統行事・感謝祭用に七面鳥が描かれたお盆、ロデオや幌馬車が描かれたお盆、そしてカントリースタイルのキッチンで好まれた果物柄のボウルなどが作られました。写真は代表的な3つの柄で、楕円のお盆は長軸が18インチと他に例のない大型です。
上・左下／1960年代
右下／1970〜80年代

ブランド名のない香港製琺瑯製品

古い琺瑯製品は裏側が無地であることも多く、Made in Hong Kongの文字があるだけでも貴重なこと。香港ではアフリカ向けの琺瑯も多く作られ、1960年代頃からは現地生産が始まり、今も香港と合弁のブランドが残っています。右下はナイジェリアの独立を記念したもの。左下も、鮮やかな色と強いコントラストが好まれたアフリカ向けに共通するスタイルです。

Yuet Tung China Works（粵東磁廠）の器

キャットストリート（P.190）で見つけた、1960年代のユットンチャイナワークス（粵東磁廠）製カップ＆ソーサー。薄手で手描きの風合いがよく、底には「日本製の焼き物に香港で絵付けした」と書かれています。おそらく粵東磁廠の器だろうと思い、工房で確認してもらうと間違いないとのことでした。キャットストリートで古い粵東磁廠の器を手に入れたのは実はこれが2度目。観光地にもまだまだ出会いが残っています。

上／職人が同じ場所と光で黙々と絵付けを行う、粤東磁廠のいつもの静かな景色。
左／人気の「督花」。今も描かれています。

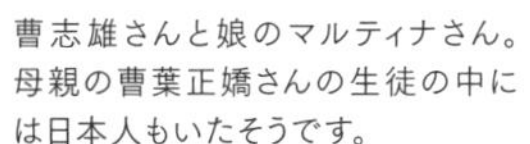

曹志雄さんと娘のマルティナさん。母親の曹葉正嬌さんの生徒の中には日本人もいたそうです。

海外との深い関わりが生んだ繊細な絵付けの器

香港の色絵磁器の歴史は清朝に遡ります。租界（外国人居留地）があり、海外交易が行われた広州では、主に景徳鎮から取り寄せた白い器に外国人好みの絵付けを施したものが盛んに取引されました。それらは廣彩と呼ばれ、やがて動乱を避けるために制作の中心は香港に移ります。

粤東磁廠の前身で広州にあった錦華隆廣彩磁廠も、1928年に香港へ移転。1986年からはカオルーンベイにある現在の場所で絵付けと販売を行っています。3代目の曹志雄さんによれば、朝鮮戦争時、アメリカの中国製品に対する禁輸措置のため景徳鎮の器は使えず、すべて日本製に切り替え。「日本製・香港で絵付け」と明記してはじめて欧米に輸出することができたそうです。

人気の「督花」は、植民地時代に香港総督の夫人が英国Hogaeth社の器の図案を使った食器をオーダーしたもの。その図案はトルコの器の模倣ですが、「原点は明朝の染付けだから結局中国の模様だね」と曹さん。「フランス人が描いた伊万里風の図案は本家日本の顧客からも人気」など海外と関わりの深い話は尽きません。娘の曹嘉彦（マルティナ）さんは、内外アーティストとのコラボレーションや商品の開発、展示を行い、母親の曹葉正嬌さんは絵付け教室を開催。家族それぞれが廣彩のために尽力しています。

Yuet Tung China Works（粤東磁厰）の器

粤東磁厰の様々な絵柄。上段右は撻花頭（カントンローズまたはファミーユローズ）と呼ばれ、廣彩を代表するものです。上段左は香港のデパートのために考案され、厚目で重い釉薬は香港の廣彩特有のもの。2段目左のような家に伝わる紋章を使った器一式を注文する外国人も多かったとのこと。東西の要素が混ざった独特な雰囲気です。

上／比較的早い時期に作られた督花のカップ＆ソーサー。
職人によって仕上がりが違います。
下／カラフルで華やか、闘鶏や金魚、蝶の伝統図案。

上／旧正月にお菓子を入れてもてなす全盒（糖菓盒、団盒）。
下／柄まで華やかなカントンローズメダリオンのレンゲ。
手描きで味があります。

Red A(紅A牌)のプラスティック製品

クリスタル風のカットが入ったプラスティックは塑膠水晶、もしくは水晶膠と呼ばれ、1960～80年代を中心に作られました。こうして上から見るとスピログラフ(いわゆるクルクル定規)のようです。当時の職人は、もっと複雑な全盒(P.32)も定規1本と鉛筆で図面を引き、型を起こしたとのこと。様々な器がこの軽くて丈夫な水晶膠で作られ、本物のクリスタルにない色も喜ばれました。

右／香港中の市場で使われる赤い電気傘もRed A製。漏電が多かった金属製から安全なこのプラスティック製の傘に。
左／新蒲崗の本社ビル。生産ラインもここにあります。

昔の商品とジェシカさん。家業を支えつつ、熱心なファンの声にもしっかり耳を傾けてくれます。

香港レトロ雑貨を代表する赤いプラスティック

Red A（レッドエー）ブランドを持つ星光實業は上海で創業、1949年に香港に移転しました。当時はACEブランドの名前で、牛骨と豚の毛の歯ブラシを製造。1952年にRed Aとしてプラスティック製家庭用品の生産を始めます。1963年の節水令時、給水に便利なプラスティックの軽いバケツや道具がRed Aの名前と共に市民の間に一気に定着しました。

Red Aは広東語で紅A（ホンエー）、市場の赤い電気傘や椅子、ざる等で知られた特徴的な赤い色は紅A紅（ホンエーホン）と呼ばれます。3代目の梁馨蘭（ジェシカ）さんにお聞きすると、以前は金属の傘が一般的で、紅Aの傘は、雨や湿気による漏電や感電、火事の危険もあった香港の市場で、あっという間に広まったのだそうです。赤い色が好まれるのと、食べ物がきれいに見えることも人気に拍車をかけました。

蒐集家による一大コレクション展が開かれるなど、近年の香港のレトロブームはRed Aなしには語れません。長年のファンやコレクターの熱意に応えて2017年に一部商品の復刻とポップアップストアをオープン、今後は代表的な商品イメージを現代風にアレンジしたシリーズを発売する予定です。私の好きな水晶膠の再生産は機械の設計上難しいとのことですが、新しいRed A製品も楽しみにしています。

1960～80年代　大小アイスボックス。温かいものも入れることができます。

右上／1960～80年代　ハネムーンフラスク水筒。
左上／1960～80年代　書籍『香港製造』にも登場するシロップ入れ。
下／1960～80年代　レリーフ風の石鹸入れ。

1960～80年代　水晶膠の全盒771型(ピンク)と
旧正月のお菓子を詰めた1216型。

上／ゼリーカップ。ほかにも多くの色があります。
下／家庭、食堂を問わず親しまれてきたソース入れ。

上／水晶膠の水差。
下／子ども用お茶碗と歯磨き用コップ。

ソルト＆ペッパー入れ

ガラス製のソルト＆ペッパー入れをよく見かけたのに、何気なくひっくり返してみるまで香港製とは思いもしませんでした。高さ約8cmの小さなガラス容器の底にはMade in Hong Kongの文字が刻まれています。

緑と黄色の容器にパーシヴァル・ダフィンとエルトン・カーヴィと書かれたソルト＆ペッパー入れ。エナメル産業が盛んだった植民地時代の香港で作られたもので、ヴィンテージキッチンにぴったりのアイテムとして世界中でコレクションされています。側面に小さくMade in Hong Kongの文字があり、穴の部分がS＆Pになっているのと、そうでないものがあります。

莫金記の水差

(モッ ガム ゲイ)

書籍『香港製造』にも登場するペンギン型の水差に出会ったのは、中国返還前、西港城にあったアンティークカフェでした。その後キャットストリートで地金が見えたものを購入。コンディションが悪くても可愛らしさに変わりはありません。
右／撮影にはヴィンテージショップの「夕拾」から本来の姿であるピカピカのペンギンをお借りしました(1950年製)。
上／蓋の内側に金属の錘が付いていて、傾けるだけでゆっくりとくちばしが開く仕組みになっています。

香港製スプーン

店の片隅に残る昔ながらのお土産を探して、スタンレーマーケット（P.191）に時々足を運びます。このスプーンもそんな香港土産のひとつ。ほかにも柄の先端が塔や力車、龍、福禄寿など様々な中国モチーフのスプーン詰め合わせもあります。エナメルだけでなく、メッキの技術も発達していた当時の香港だから生まれたものでしょう。メッキの質は様々なので、重みがあって光沢がより銀に近いものがおすすめです。

五星牌のティフィン

器を重ねて様々な食べ物を運べるティフィン。最上段の蓋はお碗になり、中にはレンゲも入っています。電子レンジのない時代、会社や工場などでは社員のために大型の蒸し器を設置。昼食時には、ティフィンを入れて容器ごとお弁当を温めていたそうです。五星牌は1916年に上海で創立、1949年に香港工場を開設。1957年には三元牌と合併し、香港最大のアルミ製品会社となりました。店内のポットすべてが三元牌、という食堂で店員が「三元牌より古い」と自慢げに見せてくれたのが五星牌のポット。「私も持っている」と返すと、ティフィンやポットの話に花が咲きました。

三元牌（サームユンパイ）の金属製品

今も荃灣にトレードマーク付きの大きなビルが残ります。

昔からレストランや食堂で使われている業務用ティーポットといえば、三元牌が浮かびます。蓋の黒く丸いつまみに3つの輪のマークが目印で、懐かしい香港の景色には欠かせない存在です。鍋や皿、ボウルなども作っていて、質の良い金属製品は香港の人々の生活を支えました。

右上／香港風ミルクティーといえばこの金属製ポット。上海街などで売っています。

右下／両手鍋には昔のラベルが。

左上／灣仔の市場で見つけた小さな容器。

アルミ・真鍮製ケトル

やかんは日常生活だけでなく飲茶、アフタヌーンティーなど、お茶の時間に欠かせないもの。今も店員が大きなやかんを手にテーブルを回り、急須にお湯を注いでくれる昔ながらの飲茶店があります。写真は古びた生活用品店で見つけた、KNOBLER社の美しいケトル。底にはBritish colony Hong Kong（英国領香港）の文字が刻まれています。真鍮製のやかんも多く、銅が主原料のため、風水にも体にもよいと信じられています。

レストラン「六安居」で現役のやかん。飲茶の際に使われます。

右上／真鍮製の大型やかん。キャットストリートで発見。
右下／1950年代　アメリカのPat Harris社向けアルミ製ケトル。
左上／昔の屋台の写真によく登場するタイプ、真鍮製。

琺瑯製ティフィン

ティフィン（P.38参照）には様々なタイプがあり、インドでは数種類のカレーを入れるステンレス製、タイではお坊さんに捧げるベージュの琺瑯製など、シンプルなものが今も現役です。1960年代に作られた香港の琺瑯製ティフィンは比較的大型で、派手なステンシル風の花柄が主流。伝統的な漆器や数段重ねの籐製バスケットのように、お祭りや特別な行事など、人が集まる際に使われたのかもしれません。

象牙風歯ブラシ

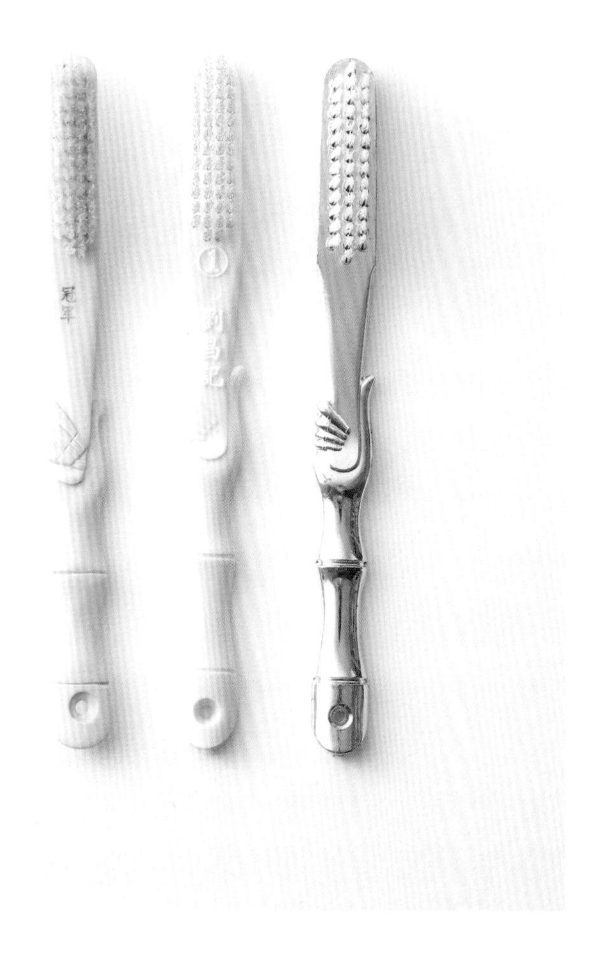

19世紀の珠江デルタ（珠江の河口に広がる香港を含むデルタ地帯）では、竹の柄と握り込む手という独特なデザインの象牙製歯ブラシを海外に輸出していました。
右／左端はそのデザインを受け継いだ牛骨製。1950～60年代にかけては劉昌記、天光牙刷廠（写真中央・右）などがプラスティックでこの歯ブラシを製造。
上／老舗である劉昌記が経営難にあるのを知った香港人デザイナー・黃雋溢さんの尽力により工場を四川省に移転。今は竹製の歯ブラシを生産しています。

TWECOのフリップ時計（翻頁鐘）

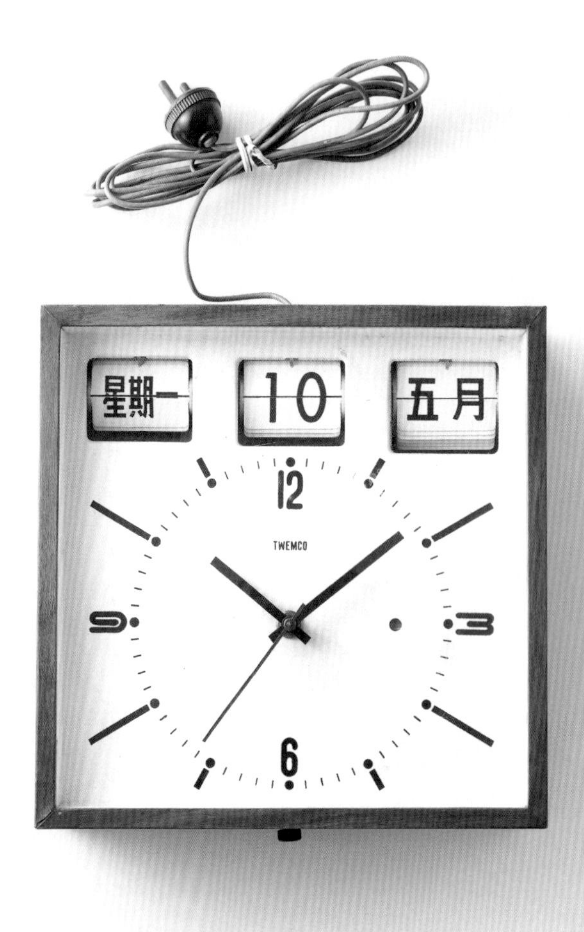

私がトゥエンコの時計と出会うきっかけとなった写真のオート10モデルは1970年代の製品で、P.46にある広告にも登場します。正方形の木枠と文字盤も素敵ですが、何といっても漢字のフリップ時計というのがひと目で気に入りました。「星期一」は中国語で月曜日の意味です。50年前のこの時計がもし故障しても心配無用。トゥエンコの工場は今も香港の街中にあって、修理可能です。

右上／組み立てを待つプラスティックの文字盤。 右下／工場の入り口にかかる今も現役のオート20。
上／現行の製品の一部。工場で購入する際は、文字盤（英語/漢字）と時間表示（12/24）を選んで、その場で好きな組み合わせに変えてもらえます。色違いも豊富で、選ぶのに迷います。

香港生まれ、今も世界中で愛されるフリップ時計

トゥエンコの前身は１９５９年創業の大華電器製造廠。その英語名の頭文字をつなげるとＴＷＥＭＣＯになります。扇風機製造から出発し、60年代にフリップ時計（電動カレンダー時計）の生産を開始。誤差は1カ月に0・5秒、うるう年の調整も不要という正確さから長年、香港の銀行や政府機関、駅、学校やオフィスの壁時計として親しまれてきました。

2代目の劉熾良さんは兄と共にトゥエンコに参加、自ら時計を設計し、１９７０年には代表作のオート20、12を完成させます。海外の競争相手が相次いで撤退する中、部品を重い金属からプラスティックに替え、新しいモデルを次々と発表してきました。「最近のレトロ流行りで忙しくて仕方がないんだよ」と劉さん。香港工業専門學院（現香港理工大學）で電気機械工学を修めた専門家であり、80歳を超える今も毎日出勤、外国人顧客にも英語でてきぱきと対応されています。海外のファンも多く、日本を含むアジア各国では小型モデルが人気とのこと。

時代と共に材料を替えて作り続けることができ、修理可能な時計。そして世代を問わず愛されるシンプルなデザイン。劉さんが目指した時計は見事に今を生きています。購入の際は、大角咀の工場に直接行くのがおすすめ。香港の古い工場街を訪ねるスリルのおまけ付きです。

TWEMCOのフリップ時計（翻頁鐘）

上／AL-30。1時間毎にパタッと文字盤が変わる音がします。
下／1970年代の広告。初期型モデル3種のうち右2つの日付は左右に回転。右端のオート20はM＋博物館に収蔵されています。

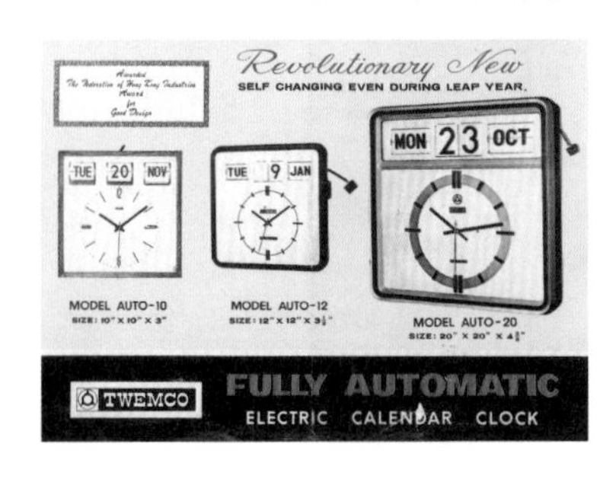

EQUITY（天秤牌）の時計

エクィティを製造する香港捷和製造廠は1947年創業、時計や懐中電灯などの金属製品を手がけていました。
右／1960年代に作られた目覚まし時計は代表作。文字盤にはEmpire madeの表記があり、中心の透かし部分が回転する様子から菊花鬧鐘とも呼ばれる人気アイテムです。
左上／旅行用の折りたたみ時計は文字盤のデザインが決め手で購入。このタイプは台湾製や中国製があるので、よく確認するようにしています。
左下／1970年代製の小さな卓上時計。

Sonixのパンダ型AMラジオ

耳までの高さ約15cm、ソニックス社の香港製パンダ型ラジオ。1960年代の製造で、ハードプラスティックでできています。左目はチューナー、右目がボリュームになっていて携帯用のストラップ付き。アシンメトリーな顔形と、置いた時の佇まいは見飽きることがありません。日本でも同じタイプのフクロウ型AMラジオが作られました。

西瓜ボール(西瓜波)

1959年、工業家の蔣震が西瓜ボールの製造機械を発明。その後2017年までは香港で、今は中国大陸で作られています。初期のものはこぶし大で、紅白以外に青や緑の組み合わせも。時代が新しいほど半透明に近く大型に、色はオレンジ色に近くなりました。子どもが蹴ってもあまり飛ばない軽いボールは近所のガラスを割ることがなく、学校も歓迎だったようです。写真は1960年代製。人々の懐かしい記憶の象徴として今も人気のアイテムです。

赤い豚の貯金箱（紅膠猪仔錢罌）

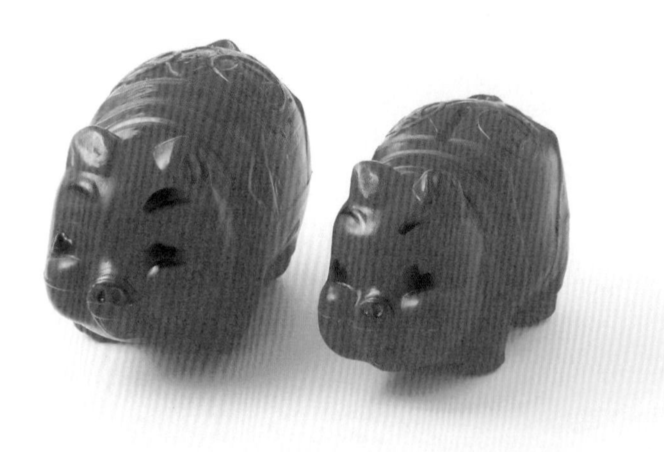

赤いプラスティック製の豚の貯金箱。目以外は手描きで表情がひとつずつ違います。それまでも様々な豚の貯金箱はありましたが、1970年代、香港でプラスティック工場を経営する黄氏一族が、伝統的な陶器製の豚の貯金箱からアイデアを得て作ったこの貯金箱が爆発的にヒットして広く知られるようになりました。一時は機械が故障し、香港中から赤い豚が姿を消しましたが、今は上環にある日用品店「朱榮記」が型を引き継いで、この貯金箱を販売しています。

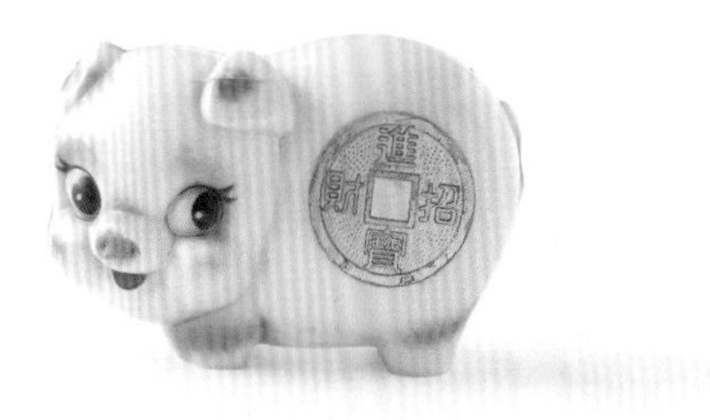

右上／1960年代　細眉タイプ。体長7cmで、赤もあります。
右下／1970年代　洋風の大きな目、丸い体には招財進寶のコイン。
左／1960年代　高さ5cmほどの小さなもの。60年代製のほとんどはコインを取り出す穴がなく、お金が貯まったら壊す消耗品でした。

香港製おもちゃ

プラスティック製品が盛んに作られた香港では、おもちゃは主要な輸出品。クリスマス用品も数多く作られました。写真は1960年代製造、高さ約20cmのサンタオルゴール。ジングルベルの音楽と共に首がゆっくり回ります。当時の香港のおもちゃは小さくて安いものでも細部まで丁寧に作られていて、昔の工場の気概すら感じます。

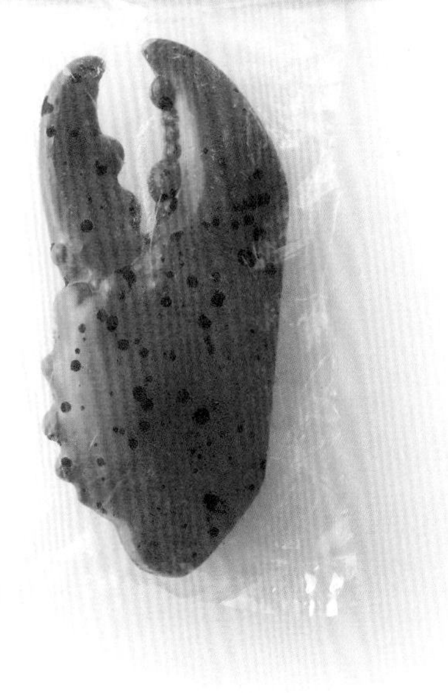

右／1960年代　ロブスターハーモニカ。吹くとハサミにかぶりついているように見えます。
左上／1970年代　ダブルデッカーバス。昔の香港の街では、イギリスから輸送されたバスが走っていました。
左下／1960年代　ミニチュアままごとセット。小さなお皿にまでMade in Hong Kongの文字が。

利工民（レイコンマン）のシャツ

上／徳島県のBUAISOUとコラボした藍染シャツ。
下／中身だけでなく昔のままのレトロな化粧箱も魅力。

老舗の下着メーカーである利工民は1923年広州で創立、4年後に香港に移転しました。ブルース・リー（李小龍）が愛用したことで知られる最高級の金鹿（右上）は、当時の白Tシャツ的な存在。細い糸を使った薄手のコットンで着心地が良く、今も香港内外に愛用者がいます。男性用とは形が違う、女性用もあります。

老舗メーカーの化粧品

右／廣生堂の人気商品、フロリダウォーター。
上／三鳳海棠粉。左は1960年代香港製、右は2021年中国製。
右下／マカオ大中華ブランドのタルカムパウダー。箱は人気アイテム。
左下／廣生堂のポスターをポストカード化、上海でも発売されました。

化粧品メーカーの廣生堂は1898年の創立以降、数多くの華やかな商品広告を制作。当時の香港では女性モデルはまだ少なく、若い男性に化粧を施し撮影した写真をもとに広告を作ることもありました。また三鳳海棠粉は今は中国に移転しましたが、1934年に香港・土瓜灣北帝廟街に工場を開設。線臉（糸を使ったうぶ毛取り）に使われた海棠粉も、今はアクセサリーなどの金属磨きに活用されています。

常備薬

薬局やスーパーマーケットで常に見かける薬について、香港人女性たちに聞いてみると「ほとんどの家庭にある、医者にかかるほどではない時に便利な、昔ながらの常備薬」とのこと。
右／保心安油とP.57の依馬打には薄荷油、丁子、肉桂などが入っており、頭痛や捻挫などの痛みや、吐き気、痒みなどを軽減します。
上／鏝絵のような保心安の古い看板。縁起の良い金銭と蝙蝠をまとった童子マークには、この薬が代々受け継がれるようにとの願いが込められています。
下／香港島を走る保心安のトラム。

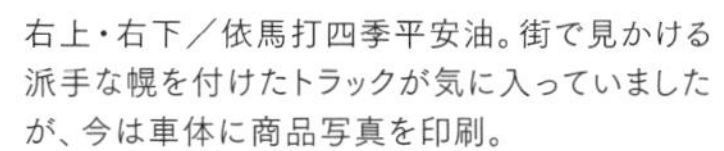

右上・右下／依馬打四季平安油。街で見かける派手な幌を付けたトラックが気に入っていましたが、今は車体に商品写真を印刷。
左上／香港余仁生の漢方薬詰め合わせ缶。蓋のデザインは、今ではシンプルなものに変わっています。
左下／保濟丸は主に腹痛や消化不良などを軽減するもの。中箱入りの小さな瓶には50粒ほどの保濟丸が入っています。

右上／香港土産としてよく知られている和興白花油3サイズ。スッとします。
左上／1950年製　童子型白花油。復刻版とは違い、帽子に漢字があります。
左下／鄒健平安膏。筋肉痛に効果。優しい色の蓋には「平安」の文字が。

香港のお酒

上／伝統的な陶器のボトル入りはアルコール度数がやや低め。
下／リキュールに使われるハマナス。
左／近年はこの玫瑰露や玉冰燒など、昔ながらのお酒を使ったカクテルを出すバーが増えています。

永利威は清朝末期の1876年に広州で創業、以来150年近い歴史を持つ老舗の酒荘。ハマナスのリキュール・玫瑰露や薬酒の五加皮が有名です。
右上／叉焼や臘腸(中国ソーセージ)作りに欠かせない玫瑰露は、高粱酒にハマナスのつぼみと氷砂糖を1年ほど漬けて作ります。

上段／十二支も揃う豊富なミニチュアボトルはすべて1970年代、陶器人形で有名な広東省石湾で買い付けた貴重なもの。麹酒入り。

P.61の龍啟酒行のお酒。香港の景色に龍が飛ぶ、カラフルなラベルが特徴。

三生酒廠は1961年創業。香港の最高峰・大帽山の中腹にあり、山の水を使って薬酒を中心に、様々なお酒を仕込んでいます。薬酒は使い込まれた龍の模様の甕で作られます。

老舗酒造の龍啟酒行。いつ訪れても先代発案の店内の色と時計に惚れ惚れします。
今も柴灣の工場で雙蒸、糯米酒の2種を製造中。

食品パッケージ

昔ながらのパッケージはいつ姿を消すかわからず、「買っておいてよかった」と思うこともしばしば。左上以外のパッケージは、今はもう使われていません。右上・左下／蓮香樓や王榮記の紙箱は、20年前には普通に使われていました。 右下／子どもが生姜の砂糖漬を取り合う絵柄の缶は、60年代を中心に多くのおもちゃ、缶、保温ジャーなどを手がけた康元製。筲箕灣に工場がありました。 左上／今も現役の、香港製カレーパウダー。

右上／1922年創業、余均益のチリソースとチリオイル。点心や炒麵との相性抜群。 右下／書体も可愛い牛奶公司のアイスクリーム。
左上／生命麵包（ガーデン社）の食パン。昔ながらのチェックの包装は全面印刷のため、今となっては大変なコスト高。でも長年愛されてきたものだから変えないのだそうです。 左下／寿老人ラベルがありがたいエバミルク。このページのものはすべてスーパーマーケットで手に入ります。

お茶のパッケージ

歴史ある茶荘の店先に積まれた包装を見ていると「今日炒ったばかりの鉄観音だよ」と声をかけられ、他の店でペガサスの小さな紙包みが気になっていると「昔からこの包装で売っているから古臭いけど変えられない」とぼやき気味に話しかけられ……茶荘での何気ない会話も楽しいものです。
右上／福建茶行の鐵觀音茶王。 右下／ペガサスの紙包み。 左上／茶葉を包み、紐をかけてくれます。 左下／廣生行のジャスミンティー缶。

月餅の缶

古いクッキーや飴の缶、そして月餅の缶は香港でれっきとした蒐集アイテムです。私も灣仔雙喜樓（1930〜97）とガーデン社（1926〜）のものに出会って、月餅缶デビューしてしまいました。
右／エンボス加工が施されたカラフルな缶は取っておく人も多かったのではないかと思います。
左上／月餅と共に売られる猪仔餅は、月餅の生地だけを使った豚の形の焼き菓子。竹やプラスティックの籠に入って売られます。
左下／天界に集う仙人たち（八仙）は定番の絵柄。昔から月餅缶によくあるモチーフです。

伊麺（イーミン）の化粧箱

伊麺もしくは伊府麺。卵麺を揚げたもので半月ほど保存でき、お湯で戻して使うので、インスタントラーメンの元祖という人もいます。黄ニラ、フクロタケと共に炒めた干焼伊麺は代表的なメニュー。お誕生日やおめでたい日に長い麺を食べると縁起が良いとされ、以前は比較的日持ちのよいこの麺を長寿を祝って贈ることも多かったのでしょう。化粧箱はその際に使われたもので伊麺盒といいます。

COLUMN

食品の袋・包み紙コレクション

中国デパートや老舗の茶荘、古い食堂などの
紙袋や包み紙には、昔ながらのものが
まだまだたくさん残っています。

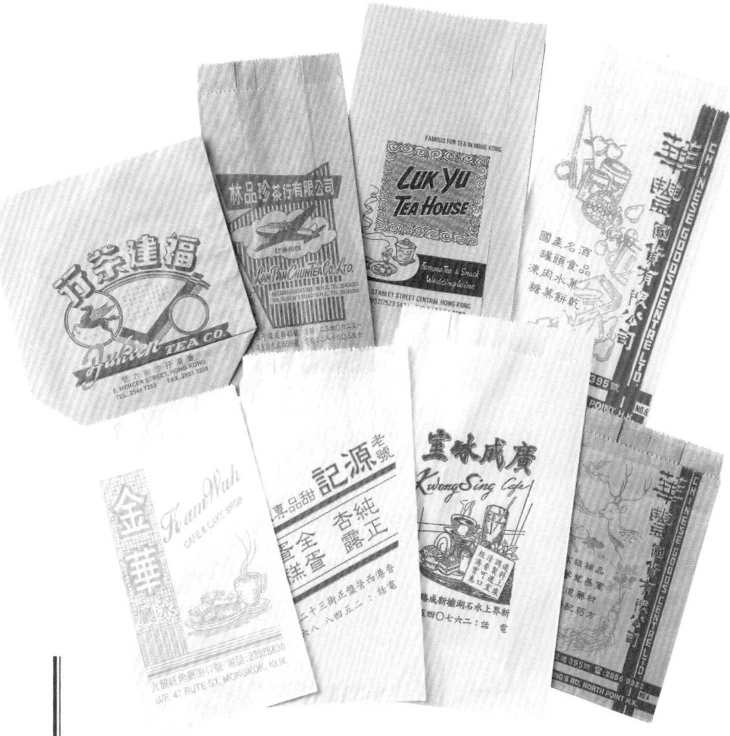

変わらぬデザイン、お店の袋

薄い持ち帰り用紙袋は雞皮紙袋と呼ばれます。写真中の源記は西營盤にあった中国デパートの老舗。景徳鎮製の萬壽無疆が描かれた器を使っていたのを思い出します。

食材を包んでくれる薄紙

鳥の絵の広告が印刷された可愛らしい薄紙は、漏斗型にして皮蛋や塩漬け卵(鹹蛋)を入れ、包むためのものでした。鹹水草の紐をかけたら袋も要りません。今も市場で鹹蛋を買うと、新聞紙で同じように包んでくれることがあって、もしこんな紙を使っていたら、1枚はそのままくださいと言ってしまうでしょう。

香港の扇子

香港製折りたたみ扇子の代表、ミジェットファンとエレファントブランド。開くと丸い形は同じですが、前者は柄の部分に花鳥のレリーフがあり、後者は箱に書かれた「KEEP COOL AND BE GAY」の謳い文句で知られています。たたむと13cmほどの小さな扇子は両面に異なる中国モチーフが描かれていて華やか。全体に脆い作りで、お土産もしくは観賞用として作られました。　上／ミジェットファン。裏には天女が描かれています。

上／エレファントブランドの扇子は箱込みでコレクションされています。
左／ミジェットファン。Made in Hong Kongの文字が見えます。

右上／エレファントブランド。裏には別の花鳥が描かれています。
右下／1970年代　プラスティック製のお土産用扇子。香港名所の写真が揃い踏み。
左下／スタンレーマーケットで見つけたフラメンコ用の扇子、アバニコ。分厚く塗られた手書きの花柄が気に入っています。

香港製の懐中電灯

旅行客にも人気の雑貨店「黒地」のオーナーが、そんなに香港製のものが好きならとプレゼントしてくれた茶色のプラスティック製懐中電灯。リュックから出し入れしやすい軍用のデザインで、今も大切にしています。トレインブランド(P.71)の懐中電灯は1950年以前に作られたもので、当時流行した特徴的な朝顔型ヘッド。昔の香港は頻繁に停電が起きたので、懐中電灯とオイルランプは必需品だったそうです。

上／1960～70年代　Ashton製の軽くて小さな懐中電灯は赤と緑の色違いもあって、日常的に使いたくなる可愛さです。映画の小物としても登場する英国スタイル・香港製懐中電灯の代表格。
右下・左下／1950年代　汽車のレリーフが魅力のトレインブランド。

オイルランプ

1960年代、開源五金玻璃廠が製造したガラス製オイルランプ。伝統モチーフのツツジ柄や、中国茶壺風オイルランプという東洋と西洋の組み合わせにひかれます。創業者のご家族によれば、当時、新界の錦上路には開源五金玻璃廠以外にもガラス工場が集まっていて、「玻璃廠(ガラス工場)」というバス停もあったそうです。

右上／色やカットの種類が豊富な、高さ8cmほどのミニランプ。
右下右／1960年代　ティーポット型ミニオイルランプ。 右下左／芯を調節する部分にMade in Hong Kongの文字。
左／高さ18cm、結婚を祝う、赤い「囍」が描かれたランプ。 ＊このページ3点とも製造元不明の香港製。

香港のマッチ(火柴)

灣仔駅前にあった大型広東料理レストラン「龍門」の最終日。
マッチ箱を見るだけで、今も当日の賑わいを思い出します。

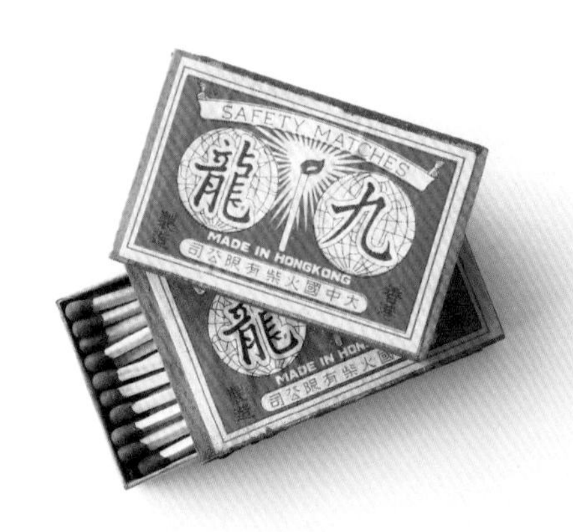

今は静かな離島・坪洲島にあった大中國火柴廠では様々なラベルのマッチを製造。東南アジアやヨーロッパへも輸出していました。
右上／大中國火柴廠製、レトロなデザインの「九龍」マッチ。 右下／広東料理レストランのマッチ。小さな箱にもお店の特徴が表れています。
左下／一度だけ訪れることができた「雙喜大茶樓」、叉焼とインテリアが好きだった「龍門茶樓」のマッチ。

飛碟椅（フェイディップ イー）

このような椅子は飛碟椅と呼ばれます。飛碟は「空飛ぶ円盤」の意味で、その奥行きと安定感からベビー椅子としても使われました。私のこの椅子も小型で、籐の骨組みにカラフルなビニール紐で編まれたものです。大人用は今も堯記籐廠(P.94)が製作していて、そちらは落ち着いた雰囲気。カフェや、写真館の小道具として親しまれています。1960年代製。

長州島・源利公司の客家牌

麻雀牌のお店に行くと、トランプの他に客家牌、十五湖、東莞牌といった中国製の伝統的なカードゲームが一緒に売られています。以前はその大半が香港で作られており、この客家牌も、海鮮や海水浴で知られる長州島にあった源利公司製。客家に伝わる伝統的なカードゲームで、旧正月などに楽しむものでした。どこか道教のお札にも似た神秘的なこのカードで、遊べるようになりたいものです。

United Electric Manufacturing Factoryの携帯扇風機

暑い時期の必需品、携帯扇風機。1950年代製造にしては、最近のものかと思うほど完成されています。懐中電灯も作っていた会社の製品なので、持ち手部分にその名残があります。箱にはMADE IN BRITISH HONG KONGとあり（写真左下）、同封の説明書には世界一軽いと書かれています。電池を入れて動かしてみるとかなりパワフル。昭和の扇風機のミニチュアのようで、様々な色で復刻してほしいと思っています。

エンパイアメイドのろうそく

箱のイラストにひかれて入手したEmpire made（大英帝国製）のろうそく。暑い天気でも溶けないと書かれていて、半世紀以上を経ても劣化していません。1950年代、香港人男性の服装はすでに洋装へ移行。女性の場合60年代まではタイトなチャイナドレスが主流とされ、ランタンのある部屋で家族が大きなケーキを囲むイラストにはそんな過渡期の時代が反映されています。

プラスティック製品

香港のプラスティック産業は想像をはるかに上回る規模だった印象です。主要な輸出品のおもちゃだけでなく、生活に関わるありとあらゆるものが、重たく劣化する材料から次々とプラスティック製に替わっていきました。 右上／霧吹きはアイロンがけに大切なもの。 左上・左下／同じ花柄の石鹸箱と蓋付きマグ。プラスティック製造会社キャメル（保温ポットとは別会社）の製品。

COLUMN

香港のノベルティグッズ

ノベルティグッズを見ていると、その時代にどんなものが喜ばれたのかがわかります。
銀行の貯金箱は、置物としても見栄えのする凝った作りの人気アイテム。
洋酒やビール会社のお盆という組み合わせも香港ならでは。
レストランの宴会で、招待客に贈った店名入りの器も数多く残っています。

社名や商品名が入ったグラス

左から中国・天壇ビールのグラス、九龍バス30周年記念パンダグラス、70年代シュウェップスのグラス、香港で見つけたマカオ顕記のグラス。

蓋が白花油の保温ポット

蓋に特徴的なボトルのレリーフが施された、稀少な白花油のポット。ゴールドコイン(P.14～17)製です。

お酒メーカーのお盆

中国のお酒で人気のあった、山西省の竹葉青酒と四川省の瀘州大麹酒のお盆。鶴と灯籠、背景の梅の切り絵が優しい琺瑯盆です。

クラシックなオイルランプ

美孚行のエンボスがあるオイルランプ。香港モービル社か、中国大陸にあった美孚行の香港での販促物と思われます。

調味料会社のお盆

香港天厨味精化学のお盆は元々カレンダー付き。中国に本社があるためか、中国北方の北獅子が描かれています。

COLUMN

香港の
ノベルティグッズ

獅子の石像型貯金箱

象牙風の勇壮な獅子型貯金箱は永隆銀行のもの。口からコインを入れます。

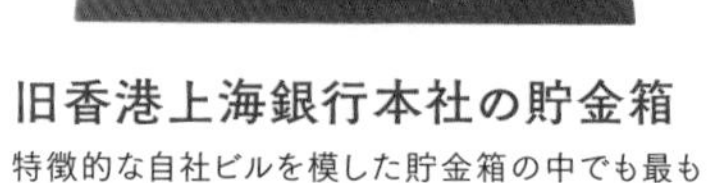

旧香港上海銀行本社の貯金箱

特徴的な自社ビルを模した貯金箱の中でも最も人気の旧香港上海銀行。1960年代から20年近く作られ、これは比較的新しいものです。

おめでたい財神の貯金箱

サリニャックブランデー（雪裡玉）を買うともらえたという金色の財神貯金箱。プラスティック製ですが威厳あふれる姿です。

猪年に配った貯金箱

猪年の1983年、恒生銀行が顧客に配ったもの。600gと重く、鍵付きのしっかりした貯金箱で同行の十二支貯金箱の中で最も人気があります。

おめでたい福禄寿のお碗

フランスのお酒、マーテルコニャック(馬爹利拔蘭地)も、香港で福禄寿のお茶碗を配っていました。

青島ビールのお茶碗

青島ビールもラーメン模様の景徳鎮製お茶碗を香港市場に投入。これはオリジナル包装のまま残っていたもの。

レストラン名の入ったお碗

結婚式や宴会の記念品として、会場である大型レストランの名前入りのお碗が贈られることもありました。

美都餐室
二樓雅座

第2章

職人が伝える香港雑貨

輸出用ではないため「Made in Hong Kong」の記載はありませんが、昔ながらの地場産業として香港で作られている雑貨もたくさんあります。家族経営で後継者がいないケースも多く、消えゆく手仕事も。対して新しい世代による香港製造品も増えています。中国返還後も香港独自の文化を大切にしながら新しいアイデアやデザインが生まれています。

先達商店の刺しゅうスリッパ

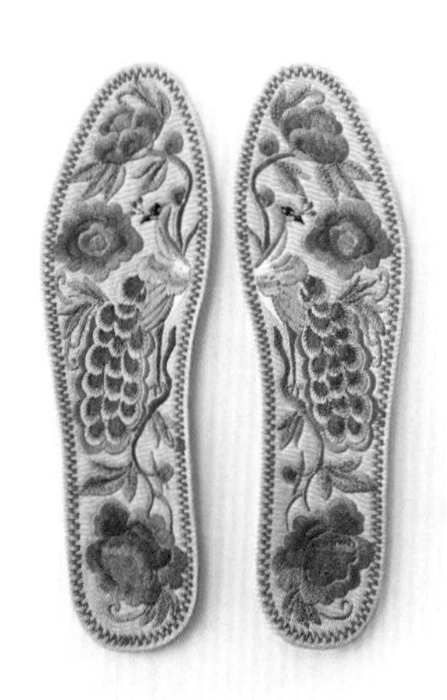

香港土産として数々のメディアに登場してきた先達商店は、香港初のスリッパ専門店として1958年に創業しました。普段使いから伝統的な結婚式用、夏用の涼しいメッシュ素材スリッパなども多く揃い、種類が豊富です。中でもパンダ柄が人気。 右上・右下／スリッパはすべて手刺しゅう。ビーズを加えることも。 左上／子どもを守る虎の靴を作るワークショップは手芸経験者向けだそう。 左下／靴を守る中敷にも華やかな孔雀の刺しゅう。

右上・左上／グラフィックデザインを学んだデザイナー兼職人でもあるミルさんは3代目。常に新作を発表する一方、ワークショップでスリッパの刺しゅうを教えています。　右下／オーダーメイドも可能で、自宅にあった古い布で作ってもらいました。　左中／ワークショップでは基本的に店内すべての商品の刺しゅうを学ぶことができ、スリッパに仕上げてもらえます。　左下／所狭しと様々なスリッパが並ぶ店内。

美華時装のチャイナドレス

美華時装は1920年代創業・香港初のチャイナドレス（旗袍）店。店内に一歩足を踏み入れると、仕立ての美しさに思わず見惚れると同時に、今もたくさんの人が自分だけのチャイナドレスをオーダーしていることを実感します。
上／店内にずらりと並ぶチャイナドレスはすべて、注文を受けて制作中のもの。
右下・中下／3代目・簡漢榮さんの信条は着る人をきれいに見せること。分業はせず、飾りボタンもすべて手作りです。時には数時間かけて顧客に対応し、夜遅くまで作業に没頭することも。心底チャイナドレスの製作がお好きなことが伝わってきます。

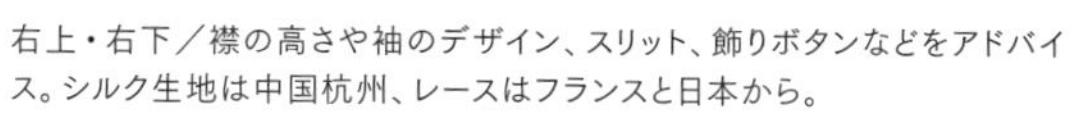

右上・右下／襟の高さや袖のデザイン、スリット、飾りボタンなどをアドバイス。シルク生地は中国杭州、レースはフランスと日本から。
中下／工房内ですべて手作りされています。
左上／表は鈍いツヤの黒、裏が茶色の布は広州特産の香雲紗。歴史上南方中国人の親しんだ防水・遮光効果のある布です。

飾りボタンのデザインもいろいろ。

ドレスに合わせてその都度手作りする飾りボタン。色やデザインを決める際には、「壽のデザインは若者には適さない」など簡さんが適切なアドバイスをしてくれます。飾りボタンは2色の布で作り、ドレスの縁取りにも同じ色の組み合わせを使うので、チャイナドレスの印象を決めるとても重要なステップといえます。

寶華扎作（ボウワーザージョッ）の兎ランタン

中秋節のランタンの多くは中国大陸製ですが、深水埗にある老舗・寶華扎作では職人の歐陽秉志さんが兎や楊桃のランタンを製作しています。
右／一番気に入っている兎のランタン。　左上／楊桃のランタン。　左中／この仕事は紮作、紙紮と呼ばれ、中秋節以外は故人のために燃やして送る紙製の人形や生活用品などを制作。歐陽さんはたいていのものを竹籤と紙で再現してしまいます。　左下／竹で編んだ複雑な作品の個展を開催。

龍・麒麟・花砲

香港郊外に多く住む潮汕・蛋家・客家に起源を持つ人々は今も年中行事を大切にしており、旧暦3月23日に開かれる天后誕のお祭りに花砲（紙製の大型祭祀品）は欠かせません。中でも元朗の天后誕は最大規模で、制作を任される冒卓祺さんは今、香港で最も忙しい伝統工芸職人のひとりです。お祭りでは街中に30近い花砲が立ち、龍や麒麟、獅子舞と共に人々が練り歩きます。冒さん制作の龍は全長79m。独特の華やかなスタイルで知られます。

右上／天后誕に欠かせない花砲には神仙や霊獣、吉祥モチーフの装飾がぎっしり。高さ約10mで、山車のように運ばれます。 中上／冒卓祺さん。お祭りのたびに新調される飾りの数々は、竹と薄紙でかたどり、色を付けていきます。大型で華やかな作風で知られ、細かいパーツに至るまでがすべて手作り。 左上／今年の龍頭の骨組みができたところ。 右下・左下／花砲の装飾の一部を中秋節のランタンに。

堯記籐廠（イウゲイタンチョン）のラタン家具・籠

堯記籐廠のランドリーボックスを長年使っています。以前、香港島の灣仔にあった店舗は今は九龍半島の太子に移転。2代目・陳新權さんの父親は1930年代に広東省興寧から香港に移り、籐製家具の製作販売を始めました。祖父も籐製品の製作を得意とした客家人だったそうです。品質のよいインドネシアの籐を使った家具は海外からの注文も多く、レトロ流行りの最近は、飛碟椅(P.75)あるいは蜆殻椅と呼ばれる60年代風の椅子が人気です。

右ページ・右上／ウェアハウスで昔の商品をたくさん見せていただきました。ソファや折りたたみ椅子、カフェ用の椅子など、再生産してほしいものばかり。
左上／ラタンのバスケット。　右下／ウェルカムティーバスケットは香港の大手ホテルからの依頼で製作。中身は粤東磁廠(P.24)から調達したことも。
中／持ち手付きバスケット。　中下／家具や籠がぎっしりと並ぶ堯記籐廠の店内。　左下／2代目の陳新權さん。

徳昌森記（ダッチョンサムゲイ）の蒸籠

ご近所で観光客にも人気の「叁去壹」も徳昌森記の蒸籠を長年愛用。

いつ店の前を通ってもたくさんの蒸籠を作っている徳昌森記の様子を見ると、飲茶の欠かせない香港で今も蒸籠の需要は多いと感じます。徳昌森記は1900年頃に広州で創立、1950年代に香港に移転し、数々の名店で愛用されてきました。また香港人の海外移民に伴い、各地のチャイナタウンからも頼りにされる老舗です。手作りと機械製があり、それにより材質や編み方、値段が違います。

炳記銅器（ペンゲイトーンヘイ）の真鍮スプーン

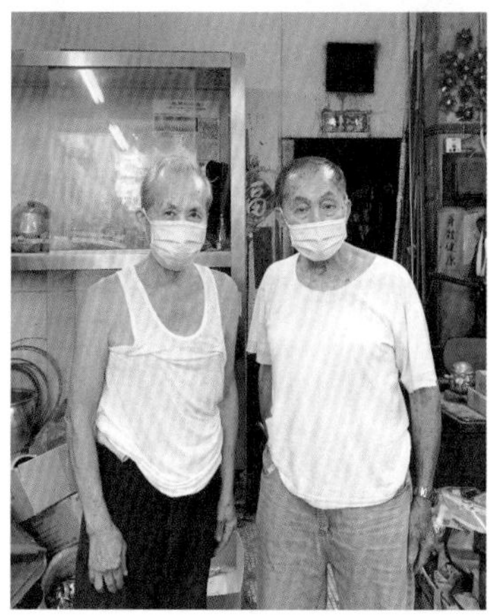

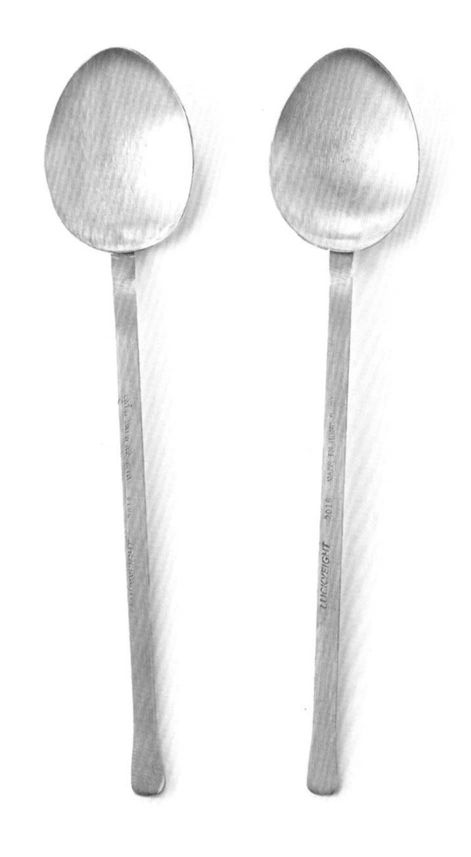

100年の歴史を持つ、炳記銅器の陸樹才さんと陸強才さん兄弟は、香港最後の伝統的な真鍮製品職人として知られた存在。その炳記も2024年の旧正月前に惜しまれつつ閉店しました。
右／この真鍮のスプーンはずっと以前に買ったもので、銅製の神具などを注文する声で賑わっていたお店の日常を思い出します。スプーンは1日に作れて4～5本。小さな急須はひとつ作るのに5日はかかったそうです。
左上／閉店した炳記銅器の入り口。
左下／80代でも若々しい陸さん兄弟。お疲れ様でした。

ビニール針金製の果物籠

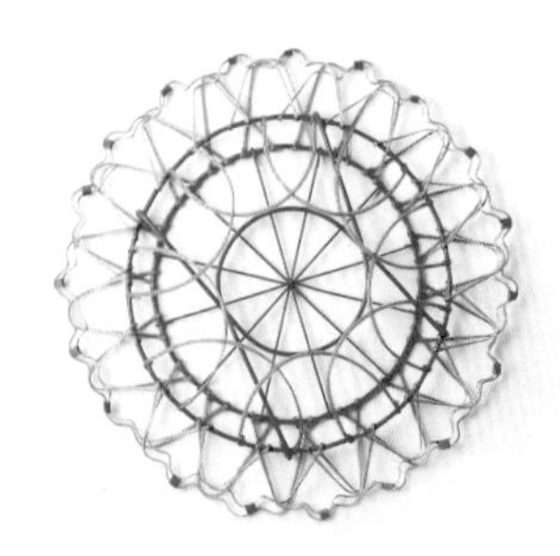

香港で以前はよく使われていたというビニール針金製の果物籠。贈り物の際にセロファンや薄紙を敷いて果物を入れたもので、今は籐製の籠に替わっています。
右／香港の雑貨店「美楽士多」のオーナーが実際に籠を作っていた老職人を探し出し、復刻したもの。今は作っていないそうで、古いものが稀にヴィンテージショップで見つかります。
左上／丸いタイプは平たくたたむことができ、幾何学模様のよう。
左下／四角いタイプもあります。

木製の丸椅子

乾物屋や古い薬局など昔ながらのお店の前を通る時、古く良さげな椅子がないか覗き込みがちです。そして稀に見かける少しカーブした脚が特徴のこの椅子が気に入っています。
右／香港で古くから使われている丸椅子。
左上／上環の燕窩(燕の巣)店で同じものを見つけて話を聞くと、60年ほど前に先代が買い揃えたもので、ずらりと並んでいたこの椅子もあと2つを残すのみだそうです。
左下／キャットストリートのHalfway Coffeeにもありました。オーナーもお気に入り。

梁蘇記（リョンソゥゲイ）の傘

梁蘇記は1885年広州で創業の老舗傘店。貿易のため広州に滞在する外国人の洋傘修理を手がけたのをきっかけに傘の製造を始め、1941年に香港で開業。動乱の時代を生き抜いた一族の物語は映画化され(『人間有情』1994年)、舞台や小説にもなりました。骨部分は永久に無料修理のため、代々のファンが多いのだそうです。

140gのUVカット
折りたたみ傘も
人気です。

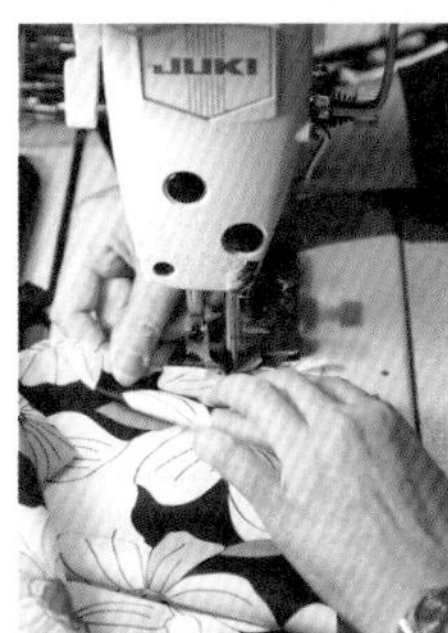

右／黒いクラシックな雨傘は映画『黄飛鴻』『葉問』に登場。2作品のヒットにより若い世代も買い求めに来たそうです。
左中／傘はすべて手作りで、見本帳から布を選ぶセミオーダーも可能。
左下右／4代目の梁孟誠さんが手際よく図面を引いて布を切り出します。　左下左／布を素早く縫い合わせ、仕上げへ。

白鐵工芸（トタン工芸）

バッティッコンアイ

香港でトタン製品といえば、郵便受けが思い起こされますが、その精緻なミニチュア版に出会い、製作者の俞國強さんに辿り着きました。俞さんの確かな技術と、それを生かし伝えていきたいメルティー・チャンさんが協力して、家具や小物など数々のユニークな作品を生み出しています。

右上／郵便受けのミニチュア版。 右下右／美術館M＋の依頼で創作したオブジェ。 右下左／古いビルのドアなどにたくさんかかる郵便受け。 左上／排気ダクト風の椅子。 左下右／郵便受け風のレターラックを製作中。 左下左／俞國強さんと仕上がったレターラック。

金興招牌のトタン製吹き付け用プレート

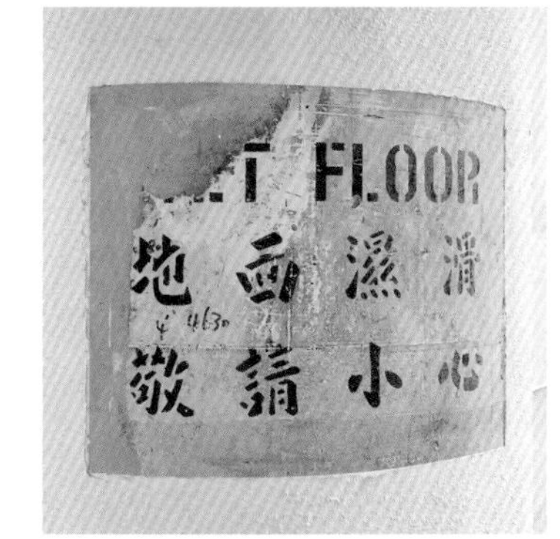

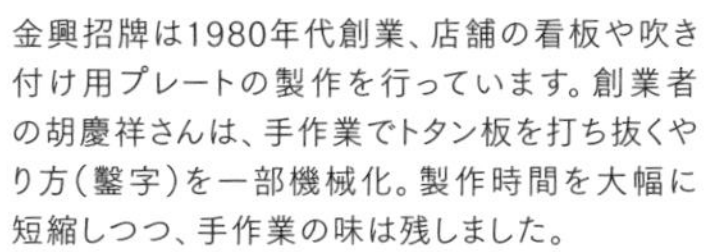

金興招牌は1980年代創業、店舗の看板や吹き付け用プレートの製作を行っています。創業者の胡慶祥さんは、手作業でトタン板を打ち抜くやり方（鑿字）を一部機械化。製作時間を大幅に短縮しつつ、手作業の味は残しました。
右上・右下／金興招牌で作られているプレート。左上・左下／建物の壁に漢字や英語で吹き付けられた「禁煙」「路面注意」などの言葉。ステンシル特有のスタイルで、一旦気にし始めるとあちこちで見つかります。　中下／後継ぎの胡榮輝さんに「日本語でも作れるよ」と勧められました。

香港のお香

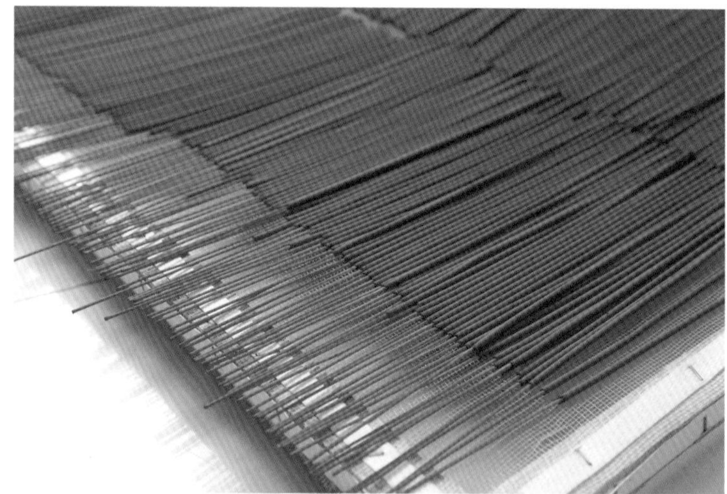

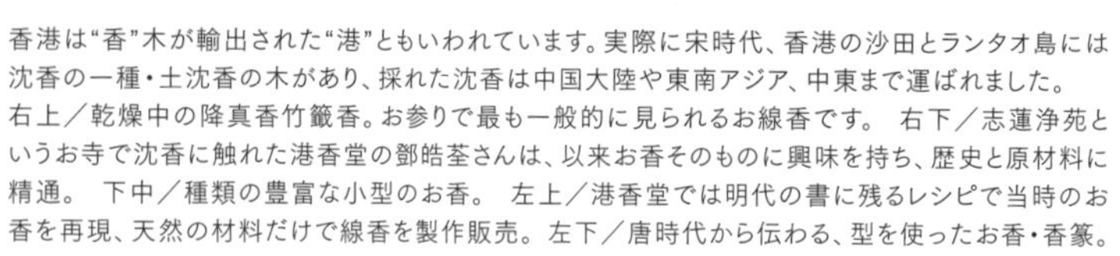

香港は“香”木が輸出された“港”ともいわれています。実際に宋時代、香港の沙田とランタオ島には沈香の一種・土沈香の木があり、採れた沈香は中国大陸や東南アジア、中東まで運ばれました。
右上／乾燥中の降真香竹籤香。お参りで最も一般的に見られるお線香です。 右下／志蓮浄苑というお寺で沈香に触れた港香堂の鄧皓荃さんは、以来お香そのものに興味を持ち、歴史と原材料に精通。 下中／種類の豊富な小型のお香。 左上／港香堂では明代の書に残るレシピで当時のお香を再現、天然の材料だけで線香を製作販売。 左下／唐時代から伝わる、型を使ったお香・香篆。

鹽田梓（イムティンジィ）の塩

19世紀初頭までは香港の特産として塩、真珠、香木があり、西貢から小舟で15分ほどの島・鹽田梓も、客家人の島民により塩が作られていました。その後無人島となり、100年の間途絶えていた塩作りは、村長の陳忠賢さんを発起人として2014年に復活。小規模ながら香港唯一の塩田で塩作りを再現、販売しています。
右／小瓶に入れて販売されている塩。 左上・左中／島には昔の教会も残ります。塩田の見学も可能。 左下／島民の子孫が客家の餅菓子（茶果）などを売る週末に訪れるのがおすすめです。

伝統柄グッズ

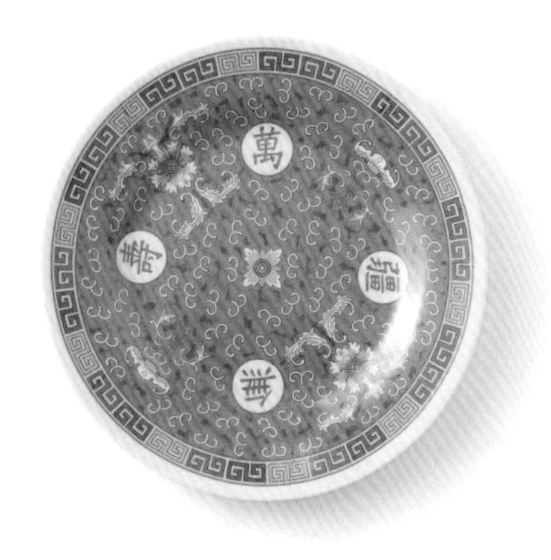

景徳鎮の器の中でもよく知られた「萬壽無疆」の文字が入った模様は、新しい雑貨や日用品に活用されています。元々の器も色の種類が多くてとてもカラフル。素材を替えて今も愛される人気モチーフです。 右上／P.112で紹介した雞公碗は紙製の器にも。 右下／「萬壽無疆」の文字が入った紙コップ。左上／サイズも豊富なメラミン皿。ツツジなど昔の焼き物柄のメラミン皿もあります。 左下／保温ポットも登場！

COLUMN

縛って行街（ハーンガーイ）（お持ち帰り）

器や調味料を買い、紐をかけてもらって持ち帰ることは少なくなりましたが、
その技は今も老舗や季節の食べ物に残っています。

食材を縛る

1980年代までは、市場で買った魚や肉は鹹水草（P.144参照）で縛ってもらい、そのまま持ち帰ったそうです。粽を縛るのにも使われ、上海蟹はサイズによって縛る紐の色が違います。

瓶や器を縛る

悦和醤園で瓶を縛る様子を見せていただきました。瓶を素早く縛り上げ、片手で持ってもびくともしない技術には惚れ惚れ。2〜12本までそれぞれ紐のかけ方が異なります。

壽
萬

34
VICTORIA PARK
屈地街電車廠
FOOTPATH CLOSED
行人路封閉

第3章

暮らしの中のMade in China

香港の日用品の多くは中国大陸製です。それらは中国各地の特産品や工芸品も含め、日々の暮らしをバラエティに富んだ廉価な製品で支えてきました。香港人の生活の一部となっている中国雑貨の中から、特に香港人に親しまれてきたものを紹介します。

雞公碗（ガイコンウン）

雄鶏（雞公）の右側には芭蕉の大きな葉が描かれています。広東語で大葉と大業は同音で、大きな事業を治めることの寓意になっています。また、左側に描かれる牡丹は富貴の象徴です。 上／重ねた雞公碗のうち、上は1950年代で下は中華民国時代（1912〜49）製。鶏のスタイルが違います。
右下／中華民国時代　五彩花卉雞公紋碗。 左下／中華民国時代　五彩花卉雞公紋碟。

授業以外はとても優しい梁國鴻さん。丁寧な説明で香港メディアから引っ張りだこ。

上・右／梁さんが営むギャラリー＆ショップ古老十八代飲食茶具故事館。様々な時代の中国の器があります。

時代と共に移り変わる鶏の姿を楽しむ

古老十八代飲食茶具故事館の梁國鴻さんはアンティーク中国茶器の収蔵と研究で知られ、私も梁さんのもとで骨董鑑定の勉強をさせていただきました。今回は専門の骨董ではなく、日用品の雞公碗についてお聞きしたいと伝えると「最近は香港の若い世代や華僑、外国人が雞公碗ばかり探しに来るんだよ」と半ば苦笑気味。生き生きとした雄鶏が描かれた、気軽に使えるこの器が人気のようです。

器のモチーフとしての鶏は晋時代まで遡り、明時代には闘鶏図が流行。清末には景徳鎮産以外の器にも、鶏が盛んに描かれました。手描きの鶏の姿は、実は時代を反映する一面もあるそうです。

清末、画家や文化人が巧みに描いた鶏は個性があり、ほっそりした躍動感のある姿。１９２０～30年代、量産期に入ると絵付けは画工の手に移り、鶏は丸みを帯び始めます。１９４０年代の中国激動の時期の食糧事情は乏しく、器には人々の望みを反映して丸々と太った鶏（肥雞）が多く描かれました。１９５０年代以降も肥雞が引き継がれ、日用品として中国広東省東部の潮州地方で大量に作られたので、隣接する香港や福建省に広く流通。１９６０年代以前の雞公碗は基本的に手描きで、その後転写紙使用から印刷へ。２０００年以降は潮州系華僑の多いタイが生産の中心となっています。

上／清代　粉彩・官上加官雞公紋碗。
下／中華民国時代　釉下五彩・疏竹雞公紋碗。

上／中華民国時代　淺絳彩雞公紋碗。
下／1950年代　粉彩・花卉雞公紋碗。

広東省潮州地方の器

中国広東省潮州地方で作られる日常使いの器は、地理的に近い香港でも広く普及しています。写真の、豆腐花やお粥などを入れる葵斗碗は潮州産。古老十八代飲食茶具故事館の梁國鴻さんによれば、葵斗碗の模様は伝統的な霊芝紋（写真右）がさらに簡略化したものだそうです。電光釉の縁取りと花柄の器（P.116）は、潮州市に隣接する客家人の里・梅州一帯で多く作られました。

広東省潮州地方の器

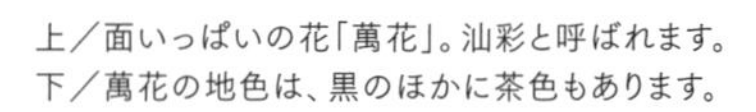

上／面いっぱいの花「萬花」。汕彩と呼ばれます。
下／萬花の地色は、黒のほかに茶色もあります。

上／梅州市で訪ねたお宅で使われていた電光釉のお皿。
下／電光釉のお碗。客家人の多い香港郊外で発見。

中国製保温ポット

数ある中国製保温ポットメーカーの中で、北京の鹿牌(1962～2012)、湖北省の荆江牌(1957～2003)は最大手。香港でもこの2社と、上海の向陽牌製ポットがよく売られていました。中国製保温ポットは、東南アジアの他に旧ソ連にも多く輸出していたため、中国色をおさえた花柄が大半を占めますが、荆江牌では国を代表する水彩画の大家・金家齊に原画を依頼、山水画や金魚、菊、牡丹など伝統的なモチーフが豊富です。

中国製の琺瑯製品

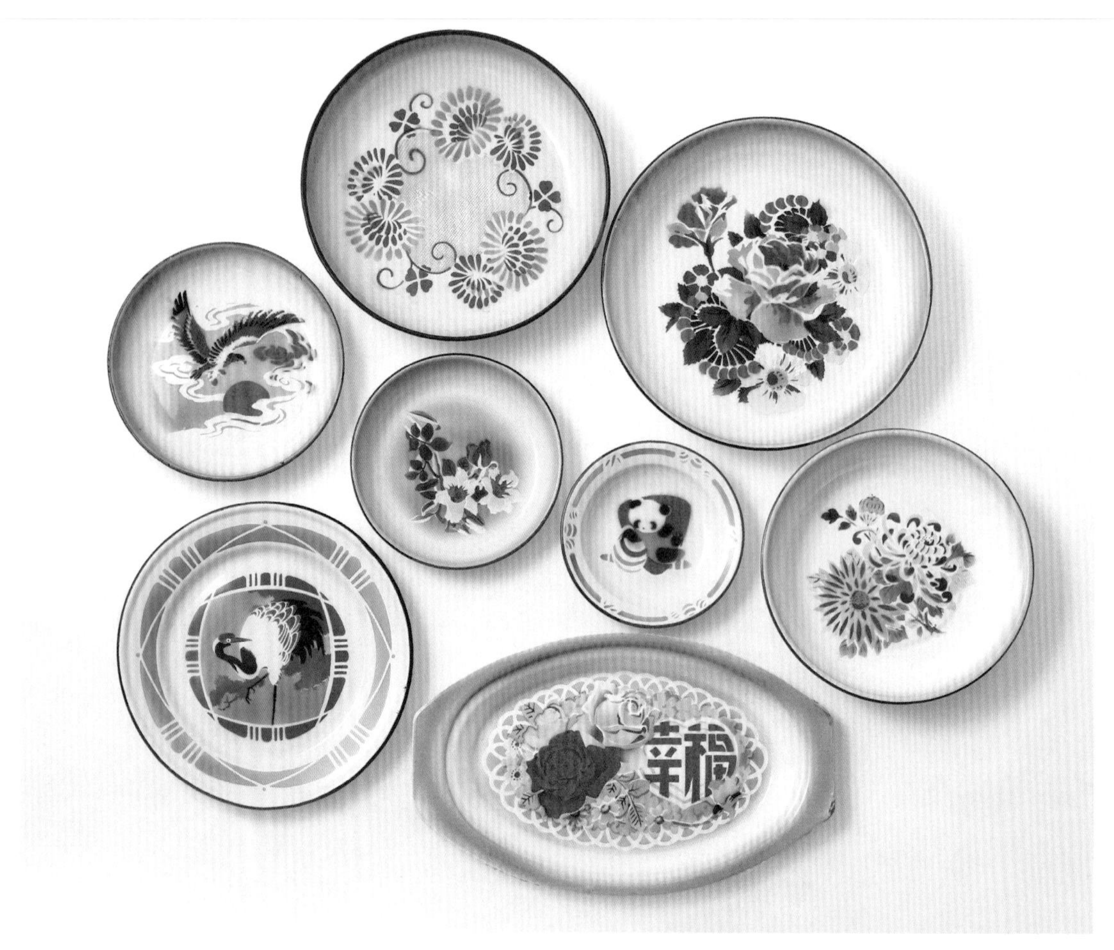

香港で見つかる中国製の琺瑯製品は7大琺瑯工場があった上海製が最も多く、他に広州製や大連製などもあります。私の場合、柄物は観賞用、無地は料理の下準備やお皿として活用。食べ物をのせるだけで雰囲気が出るのは琺瑯マジックです。香港の市場で花柄の大型琺瑯盆に海鮮をのせて売る様子は日常的なもの。パラフィン紙をのせた琺瑯の小皿に、腸粉や魚蛋など伝統的な軽食を盛って出すお店も残っています。

この蓋付きボウル2つは地攤(ガラクタ市)で見つけました。

琺瑯のマグカップは蓋付きが基本です。

COLUMN

新旧ポットの雑貨

保温ポットが日常的に使われていた当時、鉛筆削りやライター、
製造元が自社製品をラベルにしたマッチなど、ポットがモチーフの実用的な小物が作られました。
今は文房具やアクセサリーなどレトロなイメージの雑貨に使われています。

ポット型鉛筆削り

色味が可愛いポット型の鉛筆削り。色はピンク、緑の2種。

ペンダントヘッドとキーホルダー

雑貨店G.O.D.の小物。ポットが忠実に再現されています。

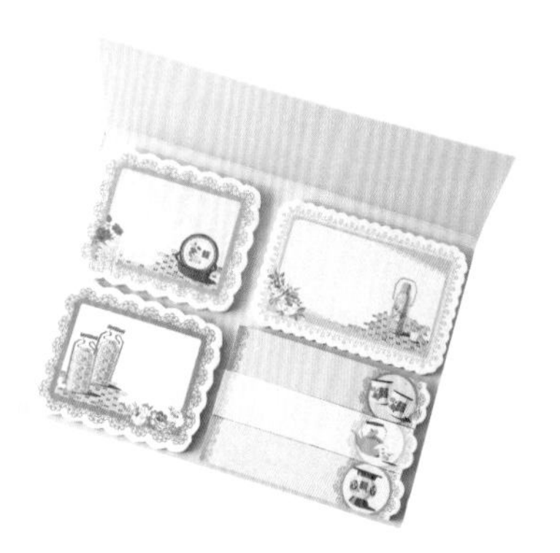

レトロチャイナな付箋紙

ポットや琺瑯製品が描かれた付箋紙は、つい手に取ってしまう可愛さです。

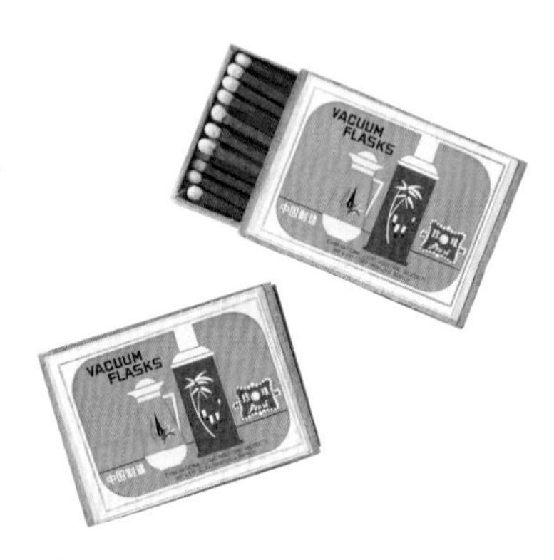

珍珠牌のマッチ

ポット同様マッチのデザインも可愛い珍珠牌。イラスト左と同じ保温ポットを持っています。

茶色のティーポット

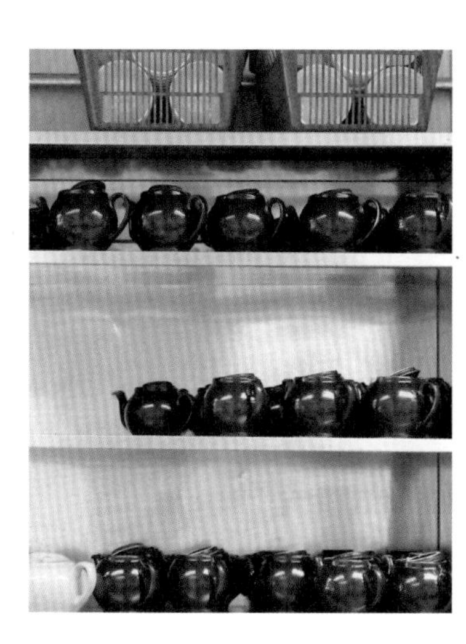

1980年代まではレストランで広く普及していた茶色のティーポット。英国のBrown Bettyティーポットに似ているとの指摘もありますが、そもそもBrown Bettyは高価な中国宜興の茶壺をイギリスの粘土で模倣したのが出発点。装飾のないこのティーポットも、伝統的な中国茶の茶壺が業務用に大型化したもの、と考えるとその形に納得がいきます。荃灣の「海連茶樓」では、今も40〜50年前のものを直しながら大切に使っているそうです。

花柄グラス

香港で見つかる1960年代製花柄グラスは、華やかなガラス製品が多く作られた上海製とは少しスタイルが違う印象を受けます。他に一大生産地があったのか、なぜ香港に多く残るのか、もしかしたら香港製なのか、など想像はつきません。赤いものが多く、伝統モチーフ柄のグラスは新年やお祝い事の際、来客用としても活躍したことでしょう。このようなヴィンテージのグラスを使うカフェもあります。

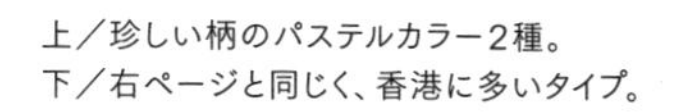

上／珍しい柄のパステルカラー2種。
下／右ページと同じく、香港に多いタイプ。

上／モダンな紅白グラス3点。
下／紅白＋黄色。福禄寿の文字と蓮の花のグラス。

プレストガラスの花瓶・食器

香港で見つかるヴィンテージガラス食器・花瓶の多くは、アメリカで作られたプレストガラス製品と、その影響を受けた中国製です。中でもアメリカのアンカーホッキング社風の一輪挿し(P.125右)や、緑色の花瓶(写真右)は昔の香港のイメージを再現するのに欠かせません。博物館の再現セット、香港映画の小物、レトロ写真館などの背景を飾ります。 左上／1920～30年代　キャットストリートで発見。 左下／底に漢字で「群益」と刻まれたティーカップ。

右／アンカーホッキング社、スター＆バー風の一輪挿し。
左上／アメリカのガラスメーカー・ヘーゼルアトラス社に影響されたガラス器たち。
左下／特徴的なピンク色の全盒。ヘーゼルアトラス社のほか、アメリカのガラスメーカー・ジャネット社の製品も多く残っています。

蓋付きマグカップ

昔、中国のホテルや、香港の伝統的なオフィスでよく使われた蓋付きのマグカップ。茶葉を直接カップに入れ、お湯を注ぎます。蓋があることでお茶がよく出て、保温や埃よけにもなるので、今も愛用者がいます。花瓶同様、ひとつ選ぶと「一対で買わないの?」と勧められる器です。

豆青と呼ばれる地色に熱帯魚。蓋を開けると、お茶の香りが一気に立ちのぼります。

ファイヤーキング風カップ＆ソーサー

ファイヤーキング風の器が香港のレストランで使われた時代があり、庶民に親しまれたこの器が、今ではアンティークショップで中国雑貨と共に並んでいることもあります。本物のファイヤーキングジェダイも売っていますが、中国製は緑色が濃いめ、飴のような半透明でロゴはなく、比較的簡単に見分けられます。写真のような中国版も、今は本家並みに人気があるのだそうです。

アンカーホッキング社のバブル（水色）と中国製のカップ＆ソーサー（ピンク・緑）。お皿の縁以外ほとんど見分けがつきません。

中国製ヴィンテージの器

写真のレンゲは清末～1970年代の景徳鎮製のもので、同じ柄のお碗や皿、茶器も作られました。海外輸出用の器には、底にMade in Chinaと産地の底款(ロゴ)表記が見られ、景徳鎮産はその底款からおよその製作年代がわかります。香港には転写紙を使った様々な柄の器が多く残り、また広東省で作られた手描きの器や、清代～中華民国時代のもの、中国に渡った明治時代の日本の器も見つかります。

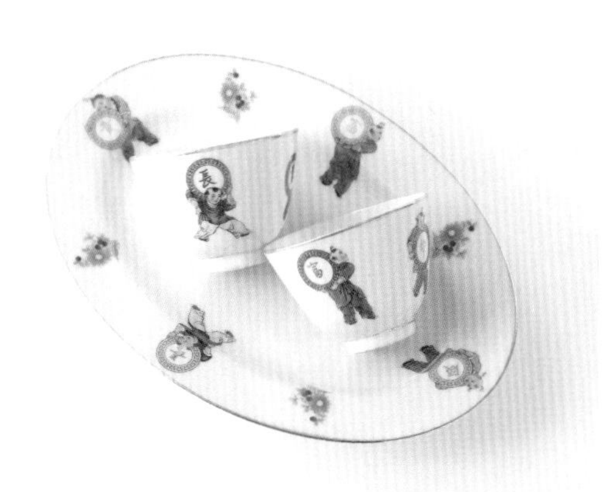

上／ツツジ(映山紅)の器は政府の御用窯・湖南省醴陵産や
景徳鎮産のものがあります。
下／童子が背負う「長命富貴」の文字部分が手描きなら古いもの。

上／広東省産手描きの器。左側の釉薬は醤油釉と呼ばれます。
下／清末〜中華民国初期　青と緑の日本産小皿には、
表面に中国で打たれた刻印が見られます。

ピンポン外交を記念した食器

子どもがピンポンをする図柄で人気の器は、中国とアメリカをはじめとする諸外国との外交的な雪解けを記念して作られました。そのいわゆる「ピンポン外交」のきっかけとなったのが、名古屋で開催された1971年卓球世界大会です。写真の食器は政府の御用窯・湖南省醴陵製で、形とデザインが少し違うものが醴陵以外でも作られているのが底款で確認できます。転写紙の図版（P.133左上）のように、少年少女は2組います。

上／転写紙の図版にはそれぞれ固有の番号があります。
ピンポン柄は2016番。
下／1970～80年代の漆器。裕華國貨で見つけました。

上／中国デパート・裕華國貨に時々入荷する陶器人形。
下／1970年代　ダイヤモンドブランド（P.150）製の目覚まし時計。
球とラケット部分が動きます。

ヴィンテージの塩&胡椒・爪楊枝入れ

オールドイングリッシュ風の英語と漢字の塩＆胡椒・爪楊枝（牙籤）入れ。20年ほど前は日用品店に時々並んでいて、灣仔の食堂で使った記憶があります。その後、パイレックス社系列のGemco製と同じデザインであることを発見。北米向けの容器は湿度の高い香港には合わなかったのか、今は見かけなくなりました。本家より漢字の入ったこちらの方が気に入っています。

ガラスやステンレスの蓋

丸いつまみの可愛いプレストガラスの蓋は、キャットストリートのガラクタの山から発見(写真右)。本体は同色のグラスだったと思われます。ステンレスの蓋(写真左上)は、今も街角の漢方茶店で埃よけに使われています(写真左下)。お碗用などサイズは豊富。仕事机のマグカップにかぶせれば昔の香港のオフィスの雰囲気を醸し出します。陶器製の蓋付きマグカップの蓋をうっかり割ってしまっても、この蓋があります。

七宝製品

七宝焼きは「景泰藍」と呼ばれます。香港南部にあるスタンレーマーケットの土産物店で、埃をかぶっていた貴石と七宝の花籠（写真上）を買ったのは、ずいぶん昔のこと。人気がなかったのか、驚くような安い値段でした。七宝が簡単な小物から大型作品まで揃うのは、佐敦にある中国デパートの裕華國貨。最近では七宝が見直されつつあり、中国の若い職人たちが個性ある作品を発表しています。

右上・右下・左上／すべて裕華國貨で買ったもの。いかにも古い、倉庫で眠っていた商品が並ぶことがあって時々覗きに行きます。
左下／本体5cmほどのミニチュアで新しいもの。

猫壺

猫形ポット「猫壺」の歴史は清末に遡ります。頭部分が蓋、手が注ぎ口、尾は持ち手。古くは酢やお酒を入れる実用を兼ねた壺で、山西省、江西省、福建省などで作られていました。写真は1980年代の景徳鎮製で、手描きのため、ひとつとして同じ顔がないのも魅力。抱えた魚が注ぎ口の猫壺もあり、観賞用として海外にも輸出されました。仲間には象や桃、弥勒菩薩などがあって、それぞれ意外な場所から水を出し入れします。

尾を持って傾けると、手から水が出ます。

右上／1970年代。
右下／年代不詳。山西省産。酢を入れた猫壺です。
左上／1960年代初期のもの。首のリボンで青花（染付）風。

竹製・漆塗りの箸

屋台や食堂の箸がメラミン製に替わるまでは、竹や漆塗りの箸が使われていました。湿気の多い香港の、環境と衛生面から淘汰されてしまいましたが、雲呑麺はこのような細い箸で食べるのがよいと今も思います。熱した金属で竹の箸1本ずつに細い模様を焼き付ける烙花(畫)は、漢時代から河南省南陽に伝わる技術(写真右・右から2番目)。古い箸には底に水切り穴のあいた陶製の箸入れが似合います(写真左上・左下)。

広東省潮州地方の婚礼籠

最初に出会ったのはミニチュアですが、描かれた桃と魚から、この籠がおめでたいものとの想像はつきました。香港に多く住む潮州人や福建人に伝わる婚礼道具で、本来は一対。持ち手の穴に竿を通して担ぎます(写真上)。同じく結婚にまつわる「囍」の文字が編み込まれた笊(写真右)は、農家の輿入れ道具ではなく、結婚式当日に花嫁にかざして日差しを避けるもの。南中国だけの伝統的な風習です。

竹の買い物籠

日用品店の軒先高く吊ってあったこの籠を降ろしてもらってから、ずいぶん時間が経ちました。白っぽかった新品の時は築地の市場籠を思い起こさせましたが、今はほどよい飴色になってきています。昔は香港にもこの籠を編める職人がいたそうです。お店で金庫がわりに吊るして使われる小さな竹籠は、硬貨の重さに耐えられるよう底は四角くしっかりした作りになっています。

毎日の売り上げは吊るした籠に入れます。

右上／年季の入った竹製お金入れ。底は四角、上部は円形。
右下／小型バスケット。上は竹＋籐製、下は籐製。
左上／山西省のヨシ製籠。

鹹水草（ハムソイチョウ）の買い物袋

昔は市場で買った肉や魚、野菜は紐で縛ってもらい、そのまま持ち帰ったそうです。紐は鹹水草という香港の汽水域にも原生する植物（カヤツリグサの変種）を乾燥させて作ったもので、今も粽や上海蟹を縛る際に使われています（P.107）。当時、鹹水草で写真のような買い物袋も作られましたが、残念ながら今はこの袋を編む人はいません。丈夫でマチもあり、昔の姿のまま復活してほしいもののひとつです。

竹製クリップ

竹製の洗濯挟みは、衣類を留めるものだけあってかなり力があり、書類をまとめて挟んだり、キッチンで袋を留めるのにもよく活用しています。雑貨店ではカードのディスプレイに活躍。軽くて使いやすく、作りも簡単なので長く愛用していますが、手に入る場所が段々と減ってきているので、見つけたら買うようにしています。

ビニールのテーブルクロス

日用品店には太く巻かれたビニール製テーブルクロスが何種類も売られています。必要なだけ切り売りしてくれるので、とても便利。分厚くて防水性があり、床にも使えます。
右／好きな定番の柄。奥にあるステンレス製ポットは、1972年開業の香港Sunnex社製。1989年から生産拠点が中国に移転しています。
左上・左下／海鮮レストランで使われていた龍と鳳凰柄のテーブルクロス。金魚柄もあって、旧正月の集まりなど、おめでたい行事の際に活躍します。

グッドモーニングタオル

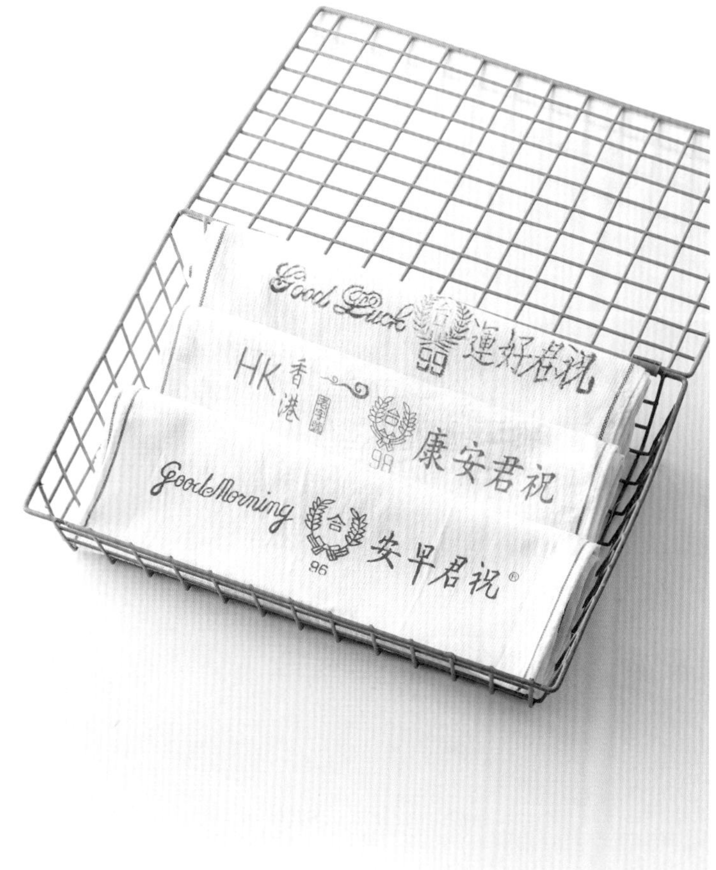

市場で「白いタオルを探しているの?」と差し出されたのはこのタオル。白い無地を想像したのですが、そう言われて思い当たることがありました。香港人(中国人)にとって真っ白は縁起の悪いもの。基本の白タオルに挨拶や縁起の良い言葉を印刷したのもそんな理由からかもしれません。掃除の際など、香港の暮らしに欠かせない基本のタオルは、スーパーでも売られています。

大花布（ダイファーボゥ）

中国の東北地方で室内に掛けられるイメージが強い「東北大花布」「花布」といわれる布は、実は上海でデザインされたもの。1952年、華東紡績管理局に属するデザイナーたちが上海の布・染色産業を押し上げようと、農村や地方でのリサーチを経て新しい中国風のデザインを次々と提案。まず写真一番上の「孔雀牡丹」や「百鳥朝鳳」「農家樂」「鴛鴦戲水」が、続いて陳克白の「牡丹鳳凰」が発表され、現在の大花布の原型になりました。

Diamond Brand（鑽石牌）の壁時計

ダイヤモンドのマークに銀の文字盤、赤い秒針。1932年創業、上海を代表する時計会社・上海秒錶廠の壁時計は今も香港に数多く残っていて、ダイヤモンドブランド（鑽石牌）の名前で知られ、世代を問わず人気があります。1960年代以降、香港で幅広く普及。部屋探しで訪れたアパートにこの時計がかかっていたこともありました。目覚まし時計（P.150）も必見です。

ヴィンテージ目覚まし時計

目覚まし時計も生産していたダイヤモンドブランド(P.149)、実は日本と深い縁があります。一説によれば、1932年、伝統工芸の職人・顧海珍は商用で日本に渡り、帰国後商人に転身。帰国後、息子の顧徳安と共に日本人技術者を招いて上海初の時計工場を作り、現地最大の時計製造会社へと発展させました。中でも、絵柄の一部が動く動物モチーフの目覚まし時計がよく知られています。

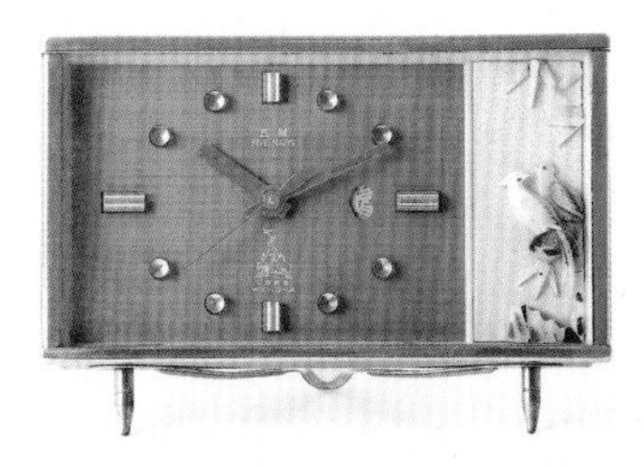

右上・右下・左上／ダイヤモンドブランドの目覚まし時計。レトロチャイナといわれるイメージは、上海の工業デザインが牽引していたと思います。
左下／腕時計製造メーカー・広州五羊牌の目覚まし時計は重厚な作り。文字盤の貝殻画は中国の伝統工芸のひとつです。中国広州にあるメーカーの時計が見つかりやすいのも、地理的に近い香港ならでは。

中国枕

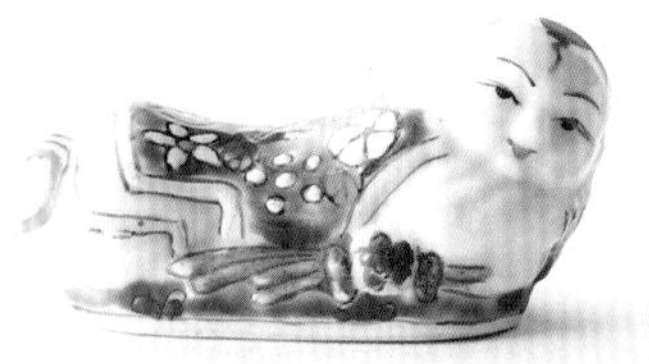

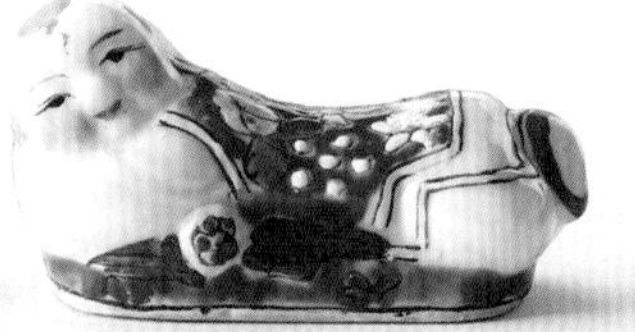

小さな陶枕は、漢方医が脈をとる際に使った脈枕と、アヘンを吸う際の枕を模した派手な装飾品があり、中でも童子が横たわる写真の陶枕は装飾品として人気があります。竹と籐で編んだ枕(P.153左下)は、今も実用品として売られています。選んでいたら「目の粗い方が涼しいよ」とお店の主人に声をかけられました。

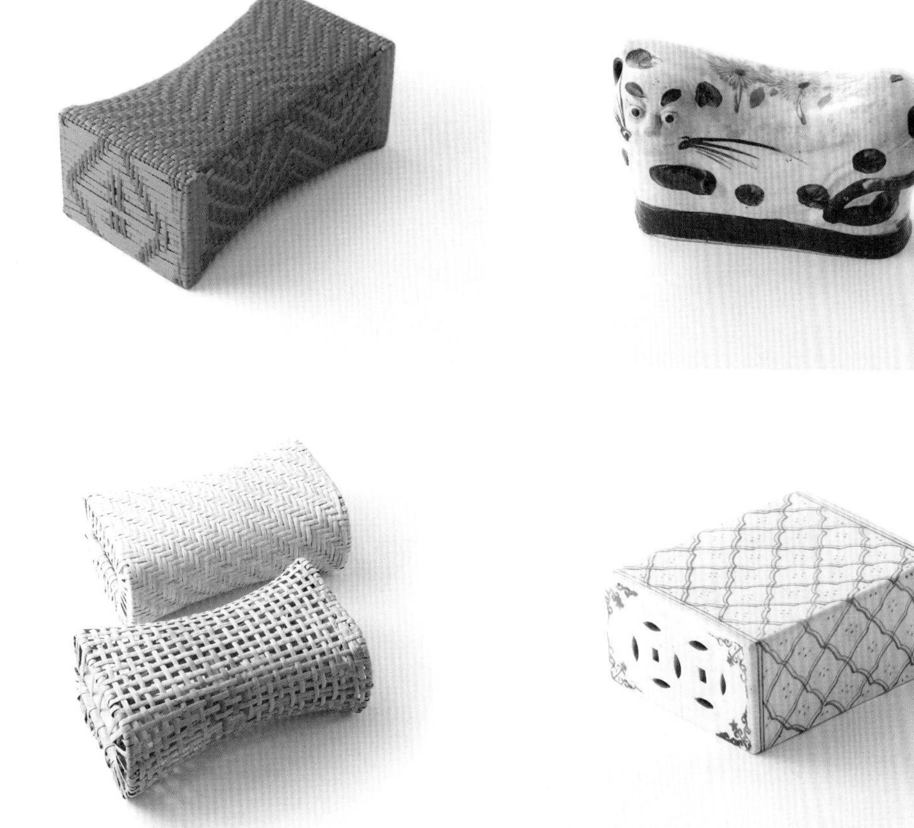

上／ビニール枕。「囍」の文字の編み込みが見えます。
下／現役の伝統的な竹製枕。慣れが必要です。

上／インテリアとして人気の猫枕。横向きと正面向きの2種類があります。
下／陶枕もしくは脈枕。幅15cm前後のものが多いです。

PVCスリッパ

数年前、香港中の市場にこの昔ながらのスリッパが入荷して驚きました。レトロ流行りに応えて再生産したのか、あるいは広東省では作り続けられていたのかもしれません。写真は15年ほど前に上水で買ったものと、当時の店先。それ以来の、久しぶりの再会でした。新しいものはほぼ不透明ですが、これは半透明。「水晶拖鞋」とも呼ばれ、柔らかいビニールで履きやすく、部屋履きとして使い古してしまったことを少し後悔しています。

魚網スリッパ

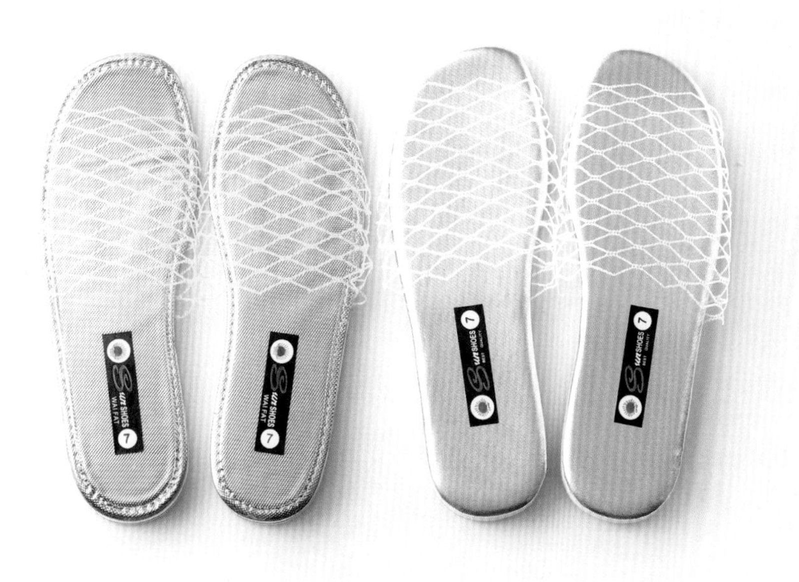

姿を消しそうでいて、今も売られている履き物「魚網拖鞋」。金銀2色があります。お婆さんが履いているイメージですが、梁蘇記(P.100)の奥さんが傘作りのミシンを踏む足元はこの魚網スリッパでした。湿度が高く暑い気候にぴったりの涼しい履き心地です。
右／漁師の網に似ていたら、"魚網"を付けて呼ばれがち。こちらは通称「魚網袋」で、ニンニクなどの保存に活躍します。

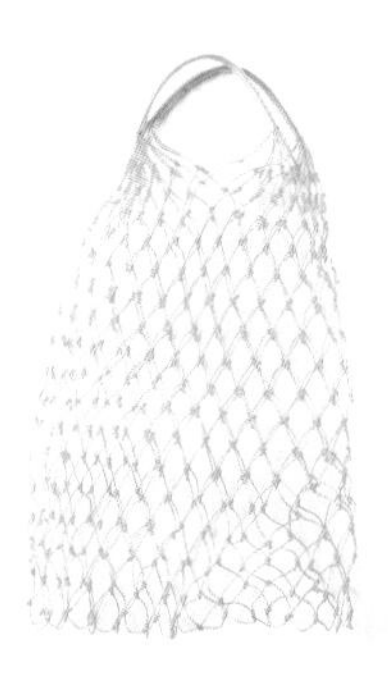

上海製ブリキのおもちゃ

香港で見つかるブリキのおもちゃのほとんどは上海製で、中でも康元製罐廠のヒヨコや蛙は長年親しまれた代表作。腕が上がっていき、撮影ポーズが決まるとフラッシュが光る熊の写真家(P.157左下)は1980年代製の人気アイテム。上の写真の、クラッシックな猿が糸を登るおもちゃは、香港人のプロダクトデザイナー・陳國泰さんが2017年に上海で復刻させたものを入手しました。

上／1980年代　パンダドラムは傾いた首がデフォルト。
下／1980年代　写真館の主人風にきめた熊。
バルブ式フラッシュを見事に再現しています。

上／テグスでつながった小魚を飲み込む「魚食魚」。
今も上海で製造されている比較的新しいもの。
下／雛吃米はヒヨコ版と2羽の鶏の２種類があります。

子ども用の楽器

以前、北角の中国デパート・華豐國貨で売っていた子ども用の楽器やおもちゃ。でんでん太鼓は今も乾いた良い音をたてます。時代に合わせて今はすっかり無地ばかりになりましたが、売り場にはタンバリンのほかにもカスタネットや笛など学校で使う楽器が並び、中には古そうなハーモニカもまだ残っています。本格的な二胡や月琴などのコーナーもあって、使い方がわからなくても工芸品として見入ってしまいます。

右／ハーモニカのHERO（英雄牌）は、1931年創業の上海国光口琴廠製。万年筆の英雄牌とは別の会社で、国産初のハーモニカ製造会社です。アコーディオンほか、様々な楽器製造でも知られます。
左上／人工皮革の、金魚柄のタンバリン。 左下／牛皮に獅子舞の切り絵が付いたタンバリン。長年の間に褪色しています。

ヴィンテージ文房具

香港に残るヴィンテージ文房具の多くは上海製で、中でも動物と中国少数民族の絵柄が気になります。 右上／鍵付きの貯金箱。 左下／クレヨンのパッケージには遊牧民が描かれています。少数民族に帰属感を与え、会う機会の少ない彼らの姿を、全国の子どもに伝える意図があったと思うのは考えすぎでしょうか。 右下／切手アルバムの孫悟空は現代風の乗り物に。黄色い急須は注ぎ口の金具を引っ張ると携帯メジャーになります。

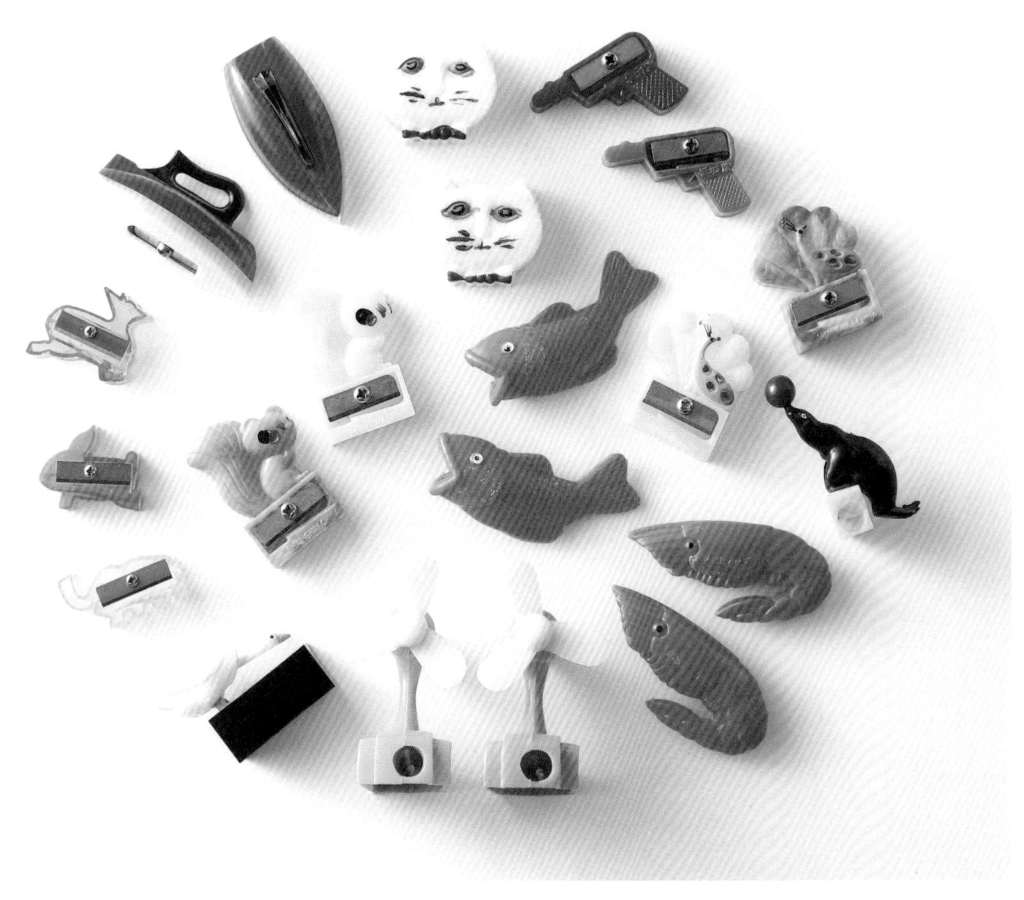

上海製鉛筆削りの数々。ミニチュア玩具としても楽しいものが多く、これで化粧品のペンシル類も削ってしまいます。扇風機の羽根は回り、アヒルは首が揺れます。

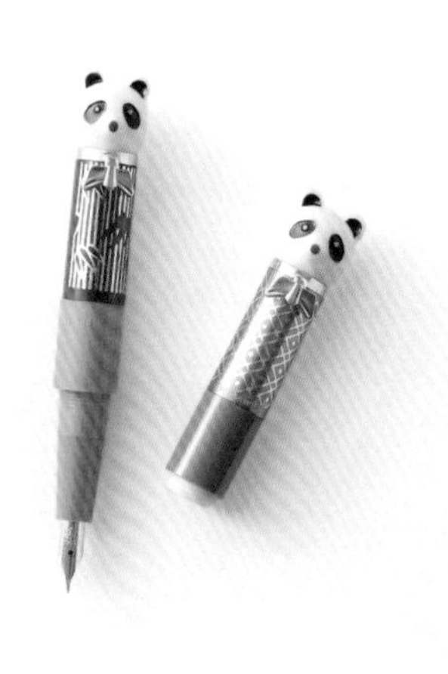

上／携帯パンダ万年筆。
下／鴨と牛のイラストがきれいなパズル。

上／ビニール針金の書類入れは、昔の香港オフィスの必需品。
まだ現役で使われていることもあります。
下／立方体6面パズル。平面と違い、1箱で6種類楽しめます。

波子棋（ボージーケイ）

1980年代製造のビー玉（波子）を使ったボードゲーム。正式名は弾子跳棋で、通称・波子棋と呼ばれます。何度か挑戦したのですが、子どもの頃から遊んでいる香港人にはまだ一度も勝てたことがありません。今も木製やプラスティック製の波子棋が作られていて、大型文房具店で購入可能ですが、せっかくならビー玉を使って昔ながらのスタイルで遊びたいもの。天壇牌製の他に、馬が表紙の廣西天馬棋子廠製など、様々なパッケージがあります。

利是封(ライシーフォン)(ポチ袋)

旧正月の必須アイテム、利是封。裏側は別の絵で、おめでたい言葉とモチーフの多さに驚かされます。絵には同じ発音にかけた寓意も含まれていて、例えば大きな柑橘類は「大吉」を、子どもが鯉などの魚を抱えていたら「余裕」や「利益」の意味があります。毎年、旧正月の前になると、ファッションブランドやホテル、銀行をはじめ、各企業がオリジナルの利是封を配るのも楽しみです。

花紙（ファージー）

柄物の包装紙を花紙といいます。右の写真は紙問屋にあった在庫品。その多くは以前、香港でデザイン・印刷されていたもので、工場が中国に移転し、10年ほど前に製造中止になったそうです。私は昔の花紙の雰囲気が好きで、名刺のデザインにも使っています。写真左上の素敵な紙は線香屋で売られているお参りに使うもので、贈り物用ではありません。写真右のような古い花紙が残る店は、今ではわずか数軒になりました。

紅黒硬皮簿（ノート）

ホン ハッ アン ペイ ボゥ

赤と黒の紅黒硬皮簿は、今も文房具店にある昔ながらのノートです。赤い部分は、西洋の本やノートの、伝統的に牛皮で背表紙や角を補強した部分が、デザインとして残ったもの。1910年香港で作られた赤と黒の皮製アルバムは見た目が全く同じで、1970年代の上海にはすでにこのノートがありました。皮部分を中国人好みの赤に替えて上海や香港など外国との関わりの深い土地で育った、東洋的なノートといえるかもしれません。

コウノトリの刺しゅう用はさみ

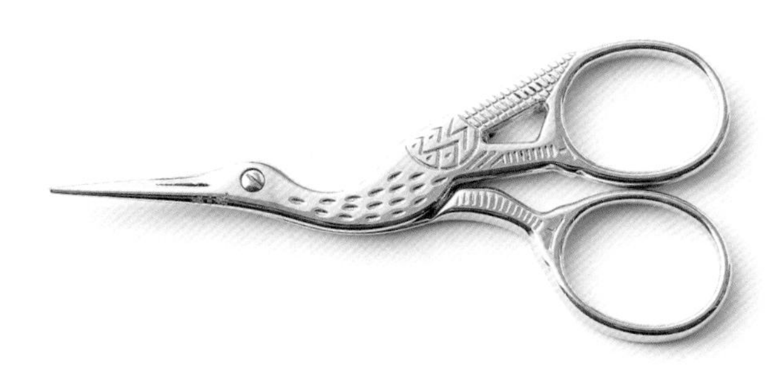

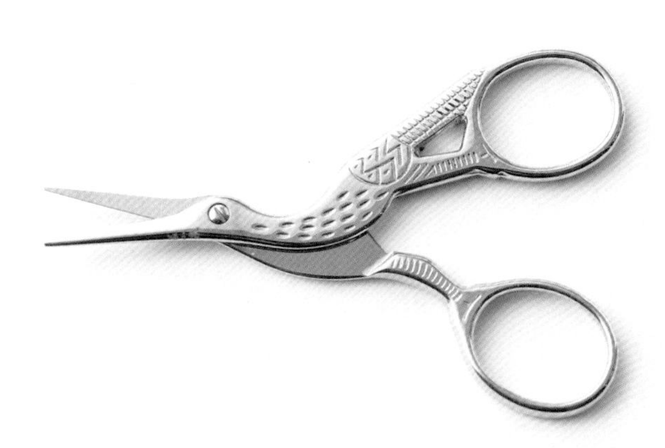

400年の歴史を持つ中国のはさみ専門会社、張小泉。香港の支店で見た、鳥の形をした小さなはさみに興味を持ちました。このデザインはオリジナルではなく、欧米で長年作られている伝統的な刺しゅう用はさみのもの。モチーフはコウノトリで、元々は助産婦が生まれた子どものへその尾を切る際に使ったものともいわれています。大切な瞬間に、美しい飾りはさみが使われたのでしょう。

切り絵

中国デパートの習字道具売り場にひっそり残っていた切り絵たち。小刀で薄い紙を切り抜いた後に筆で色を付けます。中国では「窓花」と呼び、旧正月の際や新婚の家でガラス窓に貼るものでした。 右／2つの龍が「福」の字になっている福字図は、鳳凰版もあります。 左上／吉報を伝えるカササギと「囍」の伝統的な切り絵。 左下／繊細な花鳥が美しい、中国河北省の蔚縣剪紙。中国の非物質文化遺産に選ばれた、伝統工芸です。

吉祥モチーフの工芸品

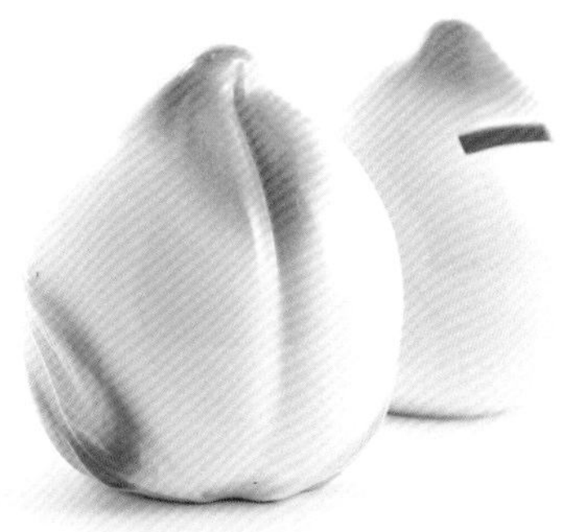

伝統的な工芸品には、おめでたい意味が隠されていることが少なくありません。長寿を表す桃は寿老人一門の童子が運んできます（献桃童子）。オシドリは夫婦の絆の強さ、カササギは吉祥や幸福、猪は多産と豊穣を表すなど、幸運を祈る気持ちは様々なものに込められています。 右上／花の飾りが付いたもの。 右下／桃型の貯金箱。 左上／最も一般的な献桃童子の置物。鼎のように3人で支えます。 左下／珍しくひとりで桃を運ぶ童子。

「囍」の文字は婚礼の象徴として様々な器、生活用品に使われます。
右上／燉盅と呼ばれる器は、スープなどを蒸すのに使います。 右下／時々古いタオル屋で見つかる「囍」のタオル。オシドリ柄もあります。
左／中国式ベッドのカーテンフック。

獅子は可愛らしい顔でいて実は邪気を払う、頼りになる存在（僻邪）です。
右上／中国デパート・裕華國貨で入手した粘土細工の獅子一対。 右下／中華民国初期（約100年前） 青花獅子戯球紋碗。
左上／裕華國貨で入手した子どもを守る平安虎、陝西省。 左下／音が出る鎮宅虎、山東省の工芸品。

中国製の石鹸

昔から薬局に並ぶ中国製石鹸たち。お世辞にも良い香りとはいえず、今も売られている理由を聞くと、薬局の答えは一様に「皆、使い慣れているから」。
右／よく落ちると評判の洗濯石鹸。 左上／洗濯石鹸と同じ扇ブランドの薬用石鹸は、派手な色と強烈なにおいで殺菌作用が期待できそう。 左下／蜂蜜石鹸は見た目が注目されがちですが、地元の愛用者も多いのでしょう。写真の石鹸は古いもので、今は光沢のある包装紙に変わっています。

第4章

英国香港の雑貨たち

1997年まで英国統治下にあった香港には、英王室関係の記念品や植民地政府関係の備品が残り、食生活にもその名残があります。遠い記憶となりつつある時代を留めるものを、その独特なスタイルと共に、いくつかご紹介しましょう。

英国の食器

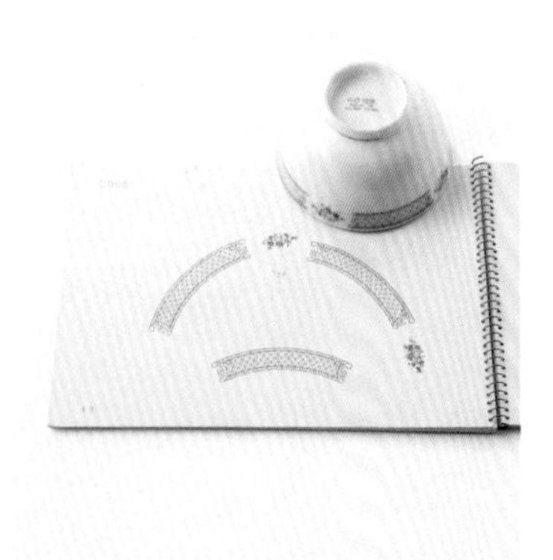

右／キャットストリートで見つけたジョンソンブラザーズのカップ＆ソーサー。1970年代の転写紙カタログ（写真左）にそっくりなものが載っていて、この柄が中国食器に取り入れられたことが確認できます。
左／佐敦にあった広東料理店「得如酒樓」のお碗で、湖南省醴陵製。同じ柄で赤いパターンも作られました。

上／1960年代　業務用がメインのウッズウェア・ベロル。
下／1976年　ホーンジー・エアルームカップ＆ソーサー。

上／1970年代　英国製（本社アメリカ）　ダーハー製金属プレート。
下／1980年代　ジョンソンブラザーズ製　ゲートキーパーの皿。

1930年代のアルフレッド・ミーキン社製カスケードシリーズの皿は、キャットストリートで積まれていた段ボール箱から見つけました。アルフレッドの実の兄弟が開き、1970年にウェッジウッド社に吸収合併されたJ&Gミーキン社の皿も、同じくキャットストリートで発見。

Camel（駱駝牌）の戴冠記念ポット

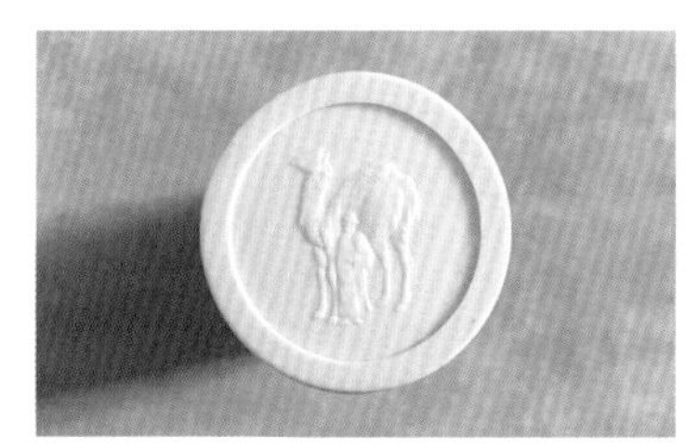

1953年エリザベス2世戴冠式の年には香港でも多くの記念品が作られました。キャメルの戴冠記念保温ポットは大変希少で、写真はコレクターにお借りしたもの（写真右、左上）。カムラックスホテル（P.11）のカフェには、このポットの王冠部分の型が展示されています（写真左中）。また同年、香港のすべての公立小学校の男子生徒に配布された記念のアルミカップには、「Elizabeth R 1953」と「天佑我皇」の文字が刻まれています（写真左下）。

英国Thermos社の戴冠記念ポット

1904年ベルリンに始まるサーモスブランドは保温ポットの代名詞。1930年には英国王室御用達の紋章使用が許され、1953年、エリザベス2世即位の戴冠式の際には記念の保温ポットを発売しました。金色で祝賀気分いっぱいの保温ポットには当日の日付が刻まれ、70年経った今もコンディションのよいものが残っていて、質の高さがうかがえます。英国や香港で戴冠の記念品として、保温ポットが作られたのはとても興味深いです。

戴冠記念グラス

エリザベス2世の戴冠記念品は香港に多く残り、コレクターも少なくありません。中でもグラス類は豊富で、最も簡単に入手できる記念品のひとつでしょう。写真は薄手のタンブラー。時々、紋章入りのジョッキやショットグラスのセットが中国風の紙箱に入っていることがあり、1950年代という時期からも、香港製かもしれません。通常の紋章とは違い、赤いリボン部分に戴冠記念と日付の文字が書かれています。

植民地政府の日本製カップ&ソーサー

植民地政府の備品のティーセットは今も人気が高く、緑の縁取りに「HK」の文字、もしくは「HK」の上に王冠のマークが入っているものが知られています。初期のイギリス製を除き、その大部分は明治時代より続く日本の東洋陶器(TOYOもしくはTOYO JAPAN)と松村硬質陶器(MATSUMURA&CO MADE IN JAPAN)の2社が製作しました。写真は東洋陶器製。松村硬質陶器製はカップの地が白く、縁取りの緑色が異なります。

Metamecの時計

1947年以来英国で親しまれたメタメックブランド。香港の時計好きには知られた存在で、たいてい「王家衛の映画に使われた時計だよ」と説明されます。邦題『欲望の翼』で、壁にかかったメタメックの時計とレスリー・チャンの台詞は確かにとても印象的。英国製なのに香港の埃っぽい壁になじみながら、映画の大事な1ピースとしてしっかり存在感を残しています。

Raboneの折りたたみ定規

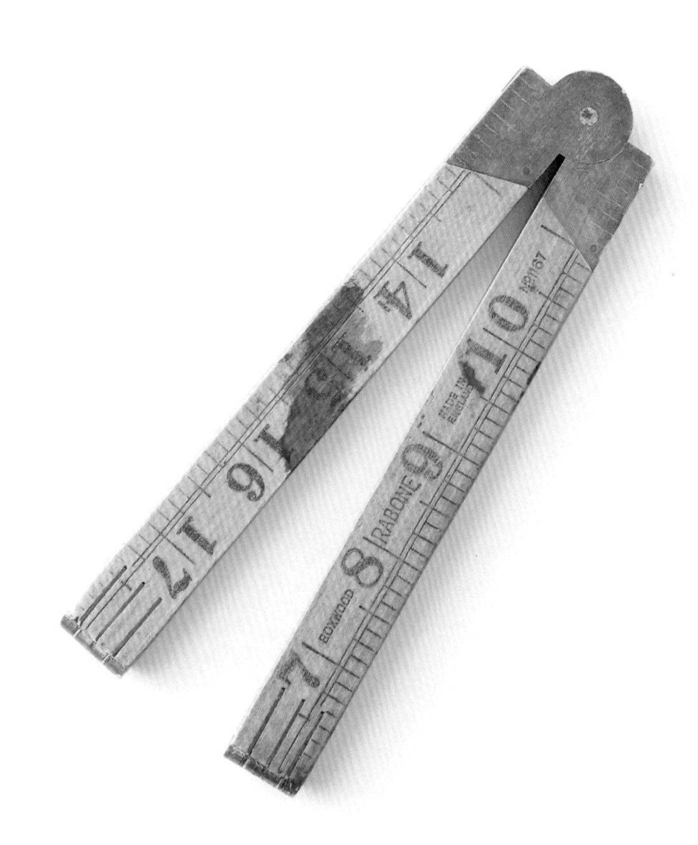

1784年創業、英国ラボーン製のツゲ材折りたたみ定規。左右に広げ、たたまれた部分を開くと2フィートまで測れます。以前は時折使い込まれたものを見かけましたが、最近はすっかり姿を消してしまったようです。香港はセンチメートルではなくインチを使うので、この定規がとても便利。古いものですが、真鍮部分が今も滑らかに動いて、折りたたみがとてもスムーズです。

郵便ポスト型の貯金箱

1997年までは、香港の郵便ポストは英国ロイヤルメールと同じ形、エリザベス女王のマークが入った真っ赤なものでした。同年の中国返還以降は現在の緑のポストに変わり、新しく設置されたものがほとんどですが、中には色を塗り替えただけだったり（写真左下）、稀に以前のままの赤いポストも残っています（写真左上）。郵便局で売られていた赤いポスト型の貯金箱（写真右）は観光土産というより、昔の記憶を留めるものとして香港人が持っている印象です。

Pearsの石鹸

1807年から続く伝統ある英国石鹸。深刻な皮膚のトラブルに悩まされ、医者に勧められた石鹸すら使えなかった頃、薬局で手に取ったのが、英国で長年愛されたこの石鹸でした。その頃は香りもかすかで肌にやさしく、救われた思いがしたものです。2009年にレシピが大幅に変わり、敏感肌にはあまり向かなくなりましたが、今も半透明の見た目と香りが好きで、常備しています。

喼汁(キップザッ)(リーペリンソース)

19世紀から続く英国製リーペリンソースは喼汁と呼ばれます。日本でいうウスターソースで、香港では、ある特定の食べ物には必ずこのソースをつける習慣があります。飲茶では春巻と蒸した牛肉ボール。広東料理では鶏に油をかけながら揚げる炸子雞。淮鹽(五香入りの塩)と共によくこのソースが出てきます。肉料理の下味にも使われ、マカオ料理の「ミンチ」のレシピは、味付けに老抽(甘い醤油)だけでなく、喼汁も使う方が気に入っています。

カスタードパウダー

香港風のデザートやパン、焼き菓子などに共通したものを感じてレシピを調べると、たいてい入っていたのが英国起源のカスタードパウダー。元々は創業者アルフレッド・バードの妻が卵アレルギーだったことから生まれた、コーンスターチと香料などによる代替品です。1837年に英国バーミンガムの薬局で初めて発売され、その後、主にお菓子用に便利な材料として英連邦、香港などで盛んに使われるようになりました。

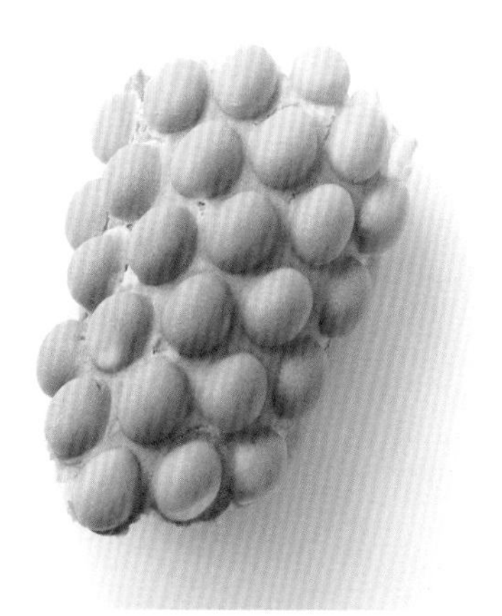

上／ココナッツの香り、雞蛋仔。
下／カスタードパウダー必須の焼きタピオカプリン。

上／香港風ワッフル、格仔餅。
下／レモンチキンのソースや衣にも使われます。

英国テーラー

旧駐香港イギリス軍御用達、赤柱基地内の洋館にあった由緒正しいテーラー・阮氏洋服。阮邦冠さんは石岡基地付近で育ち、身ひとつでテーラーに飛び込み修行したのち、1975年に独立。軍服やキルト、スーツを作り続け、1997年中国返還式典の際、英国軍の司令官と兵団が着た軍服は全て阮さんの作品でした。中国返還後も在住外国人や香港人だけでなく世界中に顧客を抱え、2018年からは歴史的建造物・大館の2階に店を構えています。

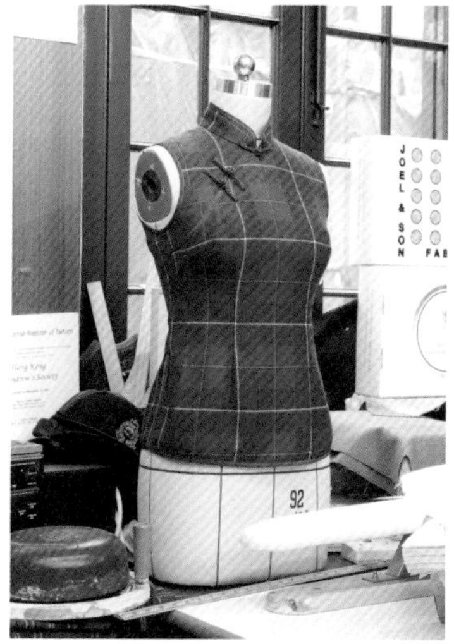

右上・右下／2021年、阮さんが香港の日用品である紅白藍袋からアイデアを得てデザインしたタータン「Passion of Hong Kong」がスコットランドで正式に登録されました。 左上／麻雀牌柄のベスト。 左下／タータンを使ったチャイナドレスも人気で、アジアの気候に合わせて薄手の生地で仕立てます。

香港雑貨に出会える場所

個人経営の店舗は移転や閉店が頻繁なので、ここではそうした店舗以外で香港雑貨に会えそうな場所をいくつかご紹介します。

九龍半島側では深水埗。布問屋やヴィンテージショップ、生活雑貨店もあって、毎回長時間滞在してしまう街です。地下鉄深水埗駅の鴨寮街側出口から北河街街市のビル一帯の各路上では、毎日夜10時頃から2時間ほど、地攤（ガラクタ市）が開かれます。ほとんどがガラクタかゴミともいえますが、もしお宝が見つかれば本当に安く入手できます。旧正月の3日間は特別に日中から地攤があり、多くの市民が足を運びます。ただし、基本的に路上市は違法なので、抜き打ちの取り締まりでむだ足になることも少なくありません。

中国デパートは伝統工芸に興味がある方に紹介しています。地下鉄佐敦駅の上にある「裕華國貨」は香港に残る最大の中国（物産）デパート。香港にいながら中国に買い物に行った気分になれます。値段が高いのが難点ですが、景徳鎮製を中心に、骨董〜ヴィンテージの器が豊富で、本書のピンポンパンダの漆器のように倉庫に数十年眠っていたであろう在庫品が並ぶこともあります。

九龍半島の裕華に比べると店舗は小さいものの、香港島の北角にも中国デパート「華豊國貨」が健在。建物内の両脇にエスカレーターがある昔ながらの中国デパートの特徴を残す、貴重な空間です。

尖沙咀にある香港歴史博物館の展示こそ最もおすすめしたい場所ですが、2024年夏の時点で大改装中。博物館の香港製造コレクションとディスプレイは内容、質共に素晴らしいので、再開を心待ちにしています。

香港島では上環にあるキャットストリート（摩羅上街）に長年通っています。有名な観光地と侮るなかれ、お土産品と共に並ぶ中古品が狙い目です。紹介した英国製食器の大部分も、この道にあるいくつかの店のダンボール箱の中に無造作に入っていたもの。道の中程にはヴィンテージの中国製ティーカップやグラスでコーヒーを楽しめるカフェ「Halfway Coffee」があり、その先で交差する東街を右折すれば香港製のおもちゃが豊富な「幸福玩具店」があります。

右上／地攤（深水埗の路上ガラクタ市）
右下／裕華國貨
左／キャットストリート

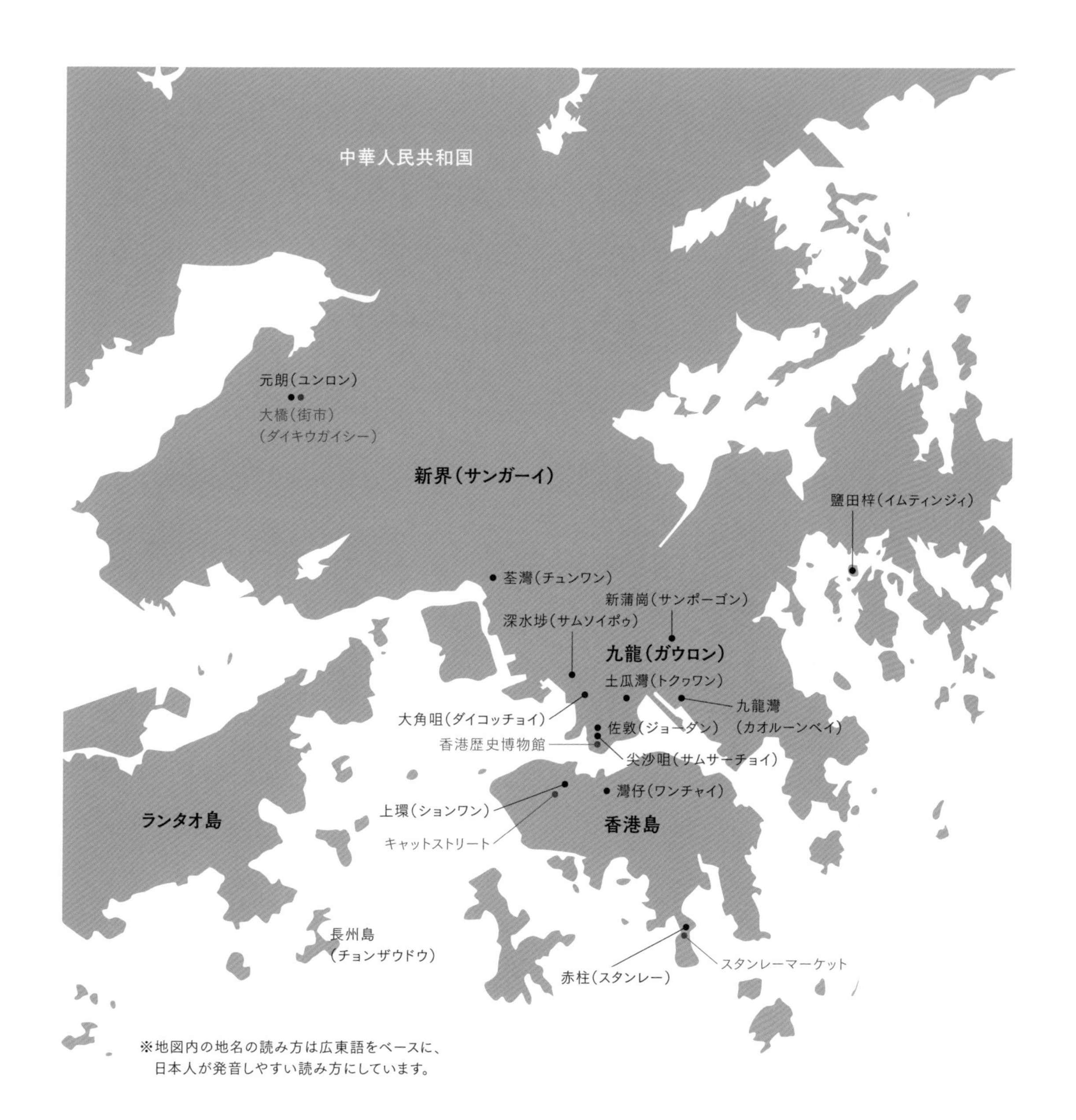

※地図内の地名の読み方は広東語をベースに、
日本人が発音しやすい読み方にしています。

【鳴謝】
Mr.Chong Hing Fai
Mr.Simon YEE
Mr.Steve Chan
Ms.Sylvia Lai
Mr.Fung Wing Kuen
Mr.Perry Chu
Ms.Iris Wong
Halfway Coffee
93Collectible
SING CHAN

【参考文献】
『香港製造　香港外銷產品設計史』
〈香港市政局〉
『香港玩具圖鑑』
〈商務印書館（香港）有限公司〉

久米美由紀

フォトグラファー。スタジオ・制作会社を経て独立後、中国返還前の香港に移住。食を中心とした香港・マカオの広告、日本の雑誌の撮影を行う。

撮影・文　久米美由紀
デザイン　佐藤アキラ
編集　田口香代
校正　文字工房燦光

雑貨で伝えるMade in Hong Kongのかたち

香港百貨

2024年6月18日　発　行　　NDC292

著　　者　久米美由紀
発 行 者　小川雄一
発 行 所　株式会社 誠文堂新光社
〒113-0033 東京都文京区本郷3-3-11
電話 03-5800-5780
https://www.seibundo-shinkosha.net/
印刷・製本　図書印刷 株式会社

©Miyuki Kume. 2024　　Printed in Japan

本書掲載記事の無断転用を禁じます。

落丁本・乱丁本の場合はお取り替えいたします。

本書の内容に関するお問い合わせは、小社ホームページのお問い合わせフォームをご利用いただくか、上記までお電話ください。

JCOPY ＜（一社）出版者著作権管理機構 委託出版物＞
本書を無断で複製複写（コピー）することは、著作権法上での例外を除き、禁じられています。本書をコピーされる場合は、そのつど事前に、（一社）出版者著作権管理機構（電話 03-5244-5088／FAX 03-5244-5089／e-mail：info@jcopy.or.jp）の許諾を得てください。

ISBN978-4-416-72304-3